献给CHEERS

与最聪明的人共同进化

HERE COMES EVERYBODY

智能

学习的

未来

[英] 罗斯玛丽·卢金（Rosemary Luckin）

栗浩洋 著

徐烨华 译

Machine Learning
and Human
Intelligence

浙江教育出版社·杭州

测一测　　关于智能学习的未来，你了解多少？

1. 以下关于"智能"的说法中，正确的是（　　）

　　A. 智能就是我们检测得出的智商。

　　B. 我们的直觉和智能之间并不存在联系。

　　C. 智能是社会性的、带有情感的、主观的、并不总是可预测的，它是
　　　　思考的基础。

**2. 我们要用跨学科的方式看待知识。以下关于"知识"的理
　　解中，正确的有哪些？（　　）**

　　A. 将信息等同于知识，最后可能会导致人类变笨。

　　B. 并非所有形式的知识都能够以相同的难易程度供我们内化。

　　C. 我们需要将知识与信念区分开。

3. 人类的元智能包含哪些要素？（　　）

　　A. 元认知　　　　B. 元情绪　　　　C. 元情境意识　　　　D. 自我效能感

**4. 交织型智能对于发展人类智能并使其保持领先于人工智能的
　　水平来说非常有用。交织型智能包含几大智能要素？（　　）**

　　A. 3　　　　　　B. 5　　　　　　C. 7　　　　　　D. 9

**5. 大数据可以助力人类智能的发展，但数据处理不当会带来
　　严重的后果，所以（　　）**

　　A. 我们需要确保哪些数据是可以用于研究的，哪些人有资格获取此类
　　　　信息。

　　B. 我们需要确保人们同意使用他们数据的方式。

　　C. 每个人都应该掌握个人数据的去向。

6. 关于人类智能与人工智能的说法，正确的是（　　）

　　A. 在处理数据上，人工智能击败我们简直不费吹灰之力。

　　B. 当涉及辩论、给出理由和解释时，人类可以轻易击败人工智能。

　　C. 人工智能系统有可能能够理解其处理的信息中所包含的微情境。

扫码下载"湛庐阅读"App，
搜索"智能学习的未来"，
获取问题答案。

MACHINE LEARNING
AND HUMAN
INTELLIGENCE
THE FUTURE OF
EDUCATION FOR
THE 21ST CENTURY

各方赞誉

普特南勋爵（Lord Puttnam）

英国上议院人工智能特别委员会成员

这本书从三个角度提出疑问：人类与知识究竟是何种关系？我们是如何理解智能的？身处如今的机器时代，对人类究竟意味着什么？这些问题引人深思。作者认为，在改变我们使用人工智能的方式上，教育工作者能够而且应该成为重要推动者。对于如何使年轻一代更好地为未来做好准备，本书提供了非常重要的角度和见解，对此感兴趣的人都不应错过。

吉姆·奈特勋爵（Lord Jim Knight）

数字教育公司特斯（Tes）首席教育官，英国前教育部长

关于智能，本书提出了引人入胜的洞见。作者深刻揭示了智能、知识和信息之间的关系，并阐明了人类智能相较于人工智能的竞争优势。作者认为，教育急需转型到以智能为基础的形式，该观点令人信服。

安杰拉·麦克法兰（Angela McFarlane）
教育发展信托基金受托人

作者通过深入浅出的阐述，为读者揭示了"知道"究竟意味着什么。以此为关键基础，作者从多个角度思考了智能的意义，这里的智能不仅包含人类智能，而且包含人工智能。无处不在的智能对教育而言又意味着什么？作者的观点十分犀利，对于任何一个关注教育政策和教学实践的人，此书都不容错过。

安东尼·塞尔登爵士（Sir Anthony Seldon）
白金汉大学副校长

在认识机器学习和人工智能的未来以及它们在教育领域的应用方面，几乎没人能比罗斯玛丽·卢金认识得更加深刻了。对教育工作者而言，机器学习和人工智能是教育领域最重要的主题，而这本书正是最佳指导手册。

MACHINE LEARNING
AND HUMAN
INTELLIGENCE
THE FUTURE OF
EDUCATION FOR
THE 21ST CENTURY

推荐序

以人工智能助推发展
人类智能

朱永新

新教育实验发起人、《未来学校》作者

世界上有许多不可思议的巧合。

2019 年 11 月 23—24 日，由中国教育三十人论坛和《财经》杂志共同主办的第二届"世界教育前沿论坛"在深圳前海举行。开幕式结束后，我与世界人工智能教育学会会长、英国伦敦大学学院教育学院教授罗斯玛丽·卢金以及香港大学原副校长程介明先生进行了一段有趣的对话。没有想到，回北京后不久，湛庐文化的编辑就来找我为罗斯玛丽·卢金即将在中国出版的《智能学习的未来》写推荐序。

我爽快地答应了。一个重要的原因就是，在深圳我没有听够她的讲演，而在对话时，我看到她在我发言时频频点头，我也很赞赏她的许多观点。我需要更多地了解这位被《星期日泰晤士报》列选为"教育界最有影响力的二十人之一"的教育家，了解她关于人工智能与未来教育的系统思考。我写的这个推荐序，其实就是延续了我们的对话。

2020 年春节期间，中国新冠肺炎疫情严重，在忧心的同时，我正好也获得了一个机会来闭门在家认真读完《智能学习的未来》这本书。

这是一本讨论人工智能与人类智能关系的著作，也是一本研究未来教育问题的著作。在书中罗斯玛丽·卢金认为，未来社会将是一个超级智能的世界，我们必须为自己的能力范畴建立起一个认知框架。这不仅是为了防范人工智能取代我们，更重要的是，我们要警惕自己在学习中可能偏废了哪些重要的能力训练。

为此，罗斯玛丽·卢金重新定义了人类智能，详解了人类智能的七大要素。一是学术智能，是对关于事物的整体性理解和解决复杂问题的智能；二是社交智能，是与人沟通交往和良好合作的智能；三是元认识智能，是关于对知识及其意义和形成过程的认识的智能；四是元认知智能，是我们对自己的思维、自己知道什么以及不知道什么的认知的智能；五是元主观智能，是我们对自己的情绪、动机和人际关系的理解的智能；六是元情境智能，是我们把握自己的身体与周围环境相互作用的方式的智能；七是自我效能感，是我们对于自己如何行动的认知以及控制自己行为方式的能力。

无疑，在心理学历史上，这是对加德纳的多元智能的超越。罗斯玛丽·卢金把人类智能更加简洁地分为两个大的板块，智力因素（学术智能）和非智力因素（社交智能）。元认识智能和元认知智能更多与智力因素相关，元主观与元情境智能更多与非智力因素相关，而自我效能感，则是上述六种智能的综合效应。人工智能的强项，更多地与智力因素相关。如何发挥人类智能和人工智能各自的优势，如何用人工智能开发人类智能、增强人类未来学习的能力，答案也就不言而喻了。

罗斯玛丽·卢金特别重视人的社交智能。她认为，从根本上来说，一个人的智能是与其社会互动能力紧密相连的。"智能不仅源于人际互动，而且也越来越多地体现在人际互动之中。"人类想要在 21 世纪不断取得发展和进步，就需要充分利用这种社交智能。因为这是一种人类所独有的智能，是人工智能不具备的，"它源于我们对自己和同伴的情感，源于我们的感官，源于我们对自己和同伴的深入理解"。

罗斯玛丽·卢金对人类的学习给予了特别的期待。她认为，人工智能对人类的最大启发就是，"人工智能无时无刻都在不断学习，它们永不厌倦，这就意味着它们总是在不断改进"。正是不断学习，才使人工智能成了人类的威胁。所以，教育体系唯一正确的路径和方向就是要让人类比人工智能更善于学习，"只有不断学习，才能筑就成功和智能的基石。如果我们善于学习，世界就将任我们驰骋，人类也将不断取得进步"。

这本书还有一个非常值得关注的主题，那就是人工智能的教育问题。知己知彼，百战不殆。在人工智能的时代，如果不了解人工智能，自然也就无法生存。罗斯玛丽·卢金在书中反复强调，应该大力发展关于人工智能的教育。她指出："如果我们真的希望谋求人类的发展，并为受益于人工智能的科学成就做好充分准备，那就需要转移我们关注的重点，不再浪费精力去尝试如何准确地预测哪些工作岗位将被人工智能所取代，而将精力集中于理解智能的真正含义。"所以，她主张应该研发针对不同年龄阶段、不同人群的人工智能课程，编写每个人都需要充分了解的人工智能教材，让所有的人不仅知道人工智能的原理和方法，而且懂得人工智能的伦理规范，知道"人工智能应该用于何种用途、可以用于何种用途、将会用于何种用途"。当然，最重要的是，需要了解并且重点发展那些人工智能根本无法实现的人类智能要素。

最后，罗斯玛丽·卢金还对教师的人工智能素养教育提出了自己的想法，希望未来的教师能够帮助年轻人为迎接新的人工智能时代而做好充分准备。她指出，人工智能将会改变教育的生态系统。人工智能助教的开发将为拓宽教学技能提供新的机会，面对与日俱增的关于学生学习的数据，教师这一职业的内容将更加丰富多彩，也充满更多新的挑战。"如果我们想让教师能够激励年轻人在将来以设计和构建人工智能生态系统为职业并为他们选择此职业打下坚实基础，那么就必须有人来对教师和培训师展开培训，使他们能够为未来的工作角色做好准备。"

总之，这是一本能够让我们更加深刻地认识人工智能，也更加深刻地理解我们人类智能的重要著作。我曾经在新年的致辞中呼吁过，未来的教育，是筑造人机共生的新家园，人类将与人工智能结合，使人类的能力抵达从未到过的新高度。我也曾经在《未来学校：重新定义教育》一书中描绘过，在网络和人工智能的帮助下，未来的教育该如何从蓝图成为大厦。在人类的发展历程中，一项发明创造对过去的意义只有是丰富和提高的，才能最终被文明吸纳为传承的一部分。罗斯玛丽·卢金教授的《智能学习的未来》一书中讲述了，如何用人工智能帮助我们发展人类智能，并改变和完善自己的学习方式，这是这本书给我们最好的启示，在迈向未来的旅途中，它为人类点亮了手中的那盏灯。

2020 年 1 月 31 日
写于北京滴石斋

MACHINE LEARNING
AND HUMAN
INTELLIGENCE

THE FUTURE OF
EDUCATION FOR
THE 21ST CENTURY

中文版序

未来将是
超级智能的世界

　　人工智能、工作场所自动化、机器人技术和自治系统，这些毫无疑问正在改变我们的生活和工作方式。这种变化通常被称为第四次工业革命。

　　当前已有很多关于第四次工业革命的研究成果，它们大多是在预测未来哪些工作将被人工智能大量取代、多少人的生计将面临威胁，等等。[①] 此类研究报告的结论并未达成明确共识，但确实存在一些具有参考价值的共同点。例如，各行业中，运输业和仓储业或许将成为人们的失业重灾区；而在自动化系统逐渐渗透到各个工作场所之中的背景下，教育行业的就业率或许受影响最小。此类报告还存在一个共同点，那就是它们均强调，有证据表明，就第四次工业革命带来的巨大改变而言，那些受教育水平低的人或许将首当其冲。从这些报告中我们能得出结论，随着第四次工业革命的到来，教育的重要性将会越来越突显，并且由于教育行业受自动化系统影响较小，所以教育行业不会发生大的改变。这个结论中关于教育将变得越来越重要这一

---

① 请参见普华永道会计师事务所、毕马威会计师事务所等最新研究报告。

点无疑是正确的，但教育体系以及教育工作者和培训师的职能不会改变的结论无疑是错误的，并且错得离谱。第四次工业革命以迅猛之势席卷全球，所有的教育和培训体系都无法忽视这一趋势。若想在第四次工业革命中蓬勃发展，并为此做好准备，我们就必须不断发展人类智能，而发展人类智能的第一步就是重新思考到底何谓人类智能。

第四次工业革命带来的三大影响

第四次工业革命将给教育和培训体系带来三大影响。**第一大影响是，我们能够利用人工智能技术来解决教育和培训体系中的诸多问题和挑战。**这些问题和挑战包括：如何缩小未能接受优质教育的人与接受了优质教育的人之间存在的成就差距，如何解决资源短缺的问题，如何满足残障学生的需求，以及如何在大量青少年目前仍未能接受良好教育的国家中建立可持续的教育体系。如果将以 5G 网络为代表的数字通信基础设施与精心设计的人工智能教育应用程序结合在一起，就意味着有史以来第一次，无论人们身在何处，我们都能够为每个人提供机会接受良好的教育。想象一下，如果每个人都能受到良好的教育，那人类将会取得何种成就？在本书中，针对目前人工智能技术在教育和培训领域的使用，我举了一些例子。此外，松鼠 Ai 创始人栗浩洋也提供了他们在中国支持教学活动的一些示例。

第四次工业革命对教育和培训体系的第二大影响是，人们需要学习并充分了解人工智能，以便高效和安全地使用人工智能。当然，我们需要一小部分人对人工智能进行深入研究，从而开发下一代人工智能技术和各种应用程序。同时，我们还需要一小部分人从跨学科的角度深入理解人工智能，从而设计出关于人工智能的监管机制和道德规范，并加以落实，使每个人都能更好地使用人工智能。然而，我们也需要确保每个人都了解人工智能的基本原理。例如，我们需要了解为什么数据对于机器学习和人工智能系统如此重要，我们还需要了解哪些性质的行为、任务和活动是人工智能能够完成的，哪些又是人工智能无法完成的，以及能够完成和无法完成的原因。

第四次工业革命对教育和培训体系的第三个也是最重要的一个影响是，它需要我们改变现有的教育和培训体系。这三大方面的影响是相互关联的，而不是相互排斥的，并且任何一方面的进展都将推进另外两方面的进展。但是，第三个方面的影响无疑是迄今为止我们所面临的最复杂、最棘手的问题，它要求我们重新思考我们对人类智能的定义和评估，以适应这个有人工智能加持的世界。

用全新的方式重新定义智能

为了更好地为第四次工业革命的到来做好准备，我在书中提供了一种全新的方式和角度去重新定义"智能"（intelligence）。这个新的定义明确指出了人类智能和人工智能之间的关键区别，指出了人类智能的丰富性和多样性，也指出了至少就目前而言，人工智能根本无法企及的人类智能中最复杂的智能要素。对于这种新的描述、讨论以及评估人类智能的方式，我提供了一系列的证据作为支撑。我把侧重点放在了教育和培训上，并且建议我们必须改革教育体系，使其能够将教育重点放在人工智能和自动化技术无法取代的人类智能要素上。这种教育体系将与当前的体系形成鲜明对比，因为就目前情况而言，大多数教育体系都将教育重点放在了自动化技术能够轻易取代的智能要素上，并针对此类智能要素进行重点开发和评估。例如，《新科学家》（*New Scientist*）杂志曾刊登过一篇关于"人工智能的突破"的文章——《人工智能在英文考试中获史上最好成绩》（*AI achieves its best ever mark on a set of English exam question*）。此类内容应引起我们的深思：如今既然连人工智能都能够通过这类考试，那我们的学生为什么还需要通过这类考试？并且，人工智能的应试成绩将越来越好，其成绩提升速度也将比我们的学生快得多。当我们思考如何才能更好地迎接人工智能世界的到来时，此类问题正是我们需要解决的关键问题，我们必须设计出能够保持人类智能优势的教育和培训体系。

关于我们如何改革教育体系，以及如何利用人工智能技术来帮助我们实现此类改革，本书都提供了一些示例。但首先，让我们来思考一下如今教育和培训行业的专业人士与政策制定者所面临的困境。第四次工业革命的根本动力源于机器，这些机器都是由人类创造的，它们能够以非常智能的方式运行。人工智能的发展一直以来都极为迅猛，技术更新可谓日新月异。自动驾驶的汽车和货车，能够比人类医生更精准、更快速诊断恶性肿瘤的医疗诊断系统，检索速度和精确程度都远超法律工作人员的律师助理软件……凡此种种，不一而足。目前，这些人工智能系统仅限于处理它们所擅长的单项任务范畴，也就是说医疗诊断系统无法驾驶汽车、律师助理软件不能诊断疾病。但是，我们切不可因此就认为自己所拥有的智能是无法被超越的，从而丧失了危机感。因为，当人类与人工智能处理相同任务时，人工智能显然能够以一种可以被视为智能的方式处理任务。

　　如果我们真的希望谋求人类的发展，并为受益于人工智能的科学成就做好充分准备，那就需要转移我们关注的重点，不再浪费精力去尝试如何准确地预测哪些工作岗位将被人工智能取代，而将精力集中于理解智能的真正含义。我们需要重点发展那些人工智能根本无法实现的人类智能要素。

　　"智能"一词的含义一直以来争议不断。在苏格拉底的时代，人们就对此进行了讨论和争辩。关于人类智能争议较少的一个方面就是它与教育之间的关系。就目前情况而言，教育中尤为重要之处在于人类的学习能力与在学习过程中不断发展人类智能的能力。这种学习能力正是我们教育体系的核心。如今，这种学习能力显得尤为重要，因为正是机器的学习能力使它们在一些工作场所中大量取代人类，并实现了人工智能在商业上的规模化运用。不论是人工智能还是人类，归根结底都是学习能力使其能够发展出复杂的智能。然而，人类通过学习所能够获得的复杂智能与人工智能系统通过学习所能够获得的智能，这两者有着根本上的区别，这种巨大区别正是我在本书中探讨人类智能时讨论的重点。

　　在书中，我将讨论一系列研究证据，它们都与人类如何认知、学习、接受教育以及开发智能相关。我提出了一种重新定义人类智能的方式，即将其视为一种由七大高度相关的要素所组成的"交织型智能"（interwoven intelligence）：

- 第一，我们当然有能力并且仍然需要建立对整个世界的知识和理解，我们可以将其称为"学术智能"（academic intelligence）。这种智能将帮助我们解决复杂的问题，使我们不至于将我们的知识限制于某个特定的学科内，让我们能够了解物理和生物之间的相关性、地理和历史之间的相关性，等等。

- 第二，我们还能够发展出"社交智能"（social intelligence），以帮助我们与他人进行交流和学习。当今世界中，我们要解决的问题经常涉及多学科的专业知识，并需要多学科的专业人士协作解决，因此这种社交智能也变得越来越重要。

此外，我们还需要掌握一系列"元智能"（meta intelligence）。我们可以将元智能视为一系列能够帮助我们更好地了解自己的智能要素。因此，人类智能的其他五大要素还有：

- 第三，关于知识是什么、认识某事物意味着什么、何种证据是真实有效的、如何基于证据做出正确合理的判断等，我们对此的认知可以称为"元认识智能"（meta-knowing intelligence）。

- 第四，关于我们对自己的思维、自己知道什么以及不知道什么的认知，可以用术语"元认知智能"（meta-cognitive intelligence）来进行描述。

- 第五，关于我们对自己的情绪和动机的理解，包括我们解读自己和他人的情绪的能力，可以称为"元主观智能"（meta-subjective intelligence）。该项智能与我们的社交智能高度相关，使我们发展出认识并理解他人以及与他人互动的能力。

- 第六，关于我们对自己的身体与周围环境相互作用的方式所持的理解，可以称为"元情境智能"（meta-contextual intelligence）。

● 第七，如果我们能够有效地发展出上述智能要素，那就意味着我们能够进一步发展人类智能要素中最关键的第七大要素——"准确的自我效能感"（perceived self-efficacy）。与其他元智能要素类似，准确的自我效能感也包括我们对自己在世界上如何运作所持有的认知、我们控制自己的行为方式的能力。第七个要素意味着我们能够认识到自己所理解的事物，并对自己在特定情境中获得成功的能力有一个准确的认识，也意味着我们擅长预测哪些任务能够完成，不论是独立完成还是与他人协作完成，并且我们知道如何不断学习以完成新的任务。

上述七大智能要素不应被视为单个独立的智能，而应被视为一个相互关联的交织型智能网络中的不同要素。其中，尤为重要的就是元智能，因为这一系列元智能都无法通过当前的人工智能技术实现自动化，而且实际上，它们可能永远都无法实现自动化。上述这种对人类智能的重新思考，应该成为教育和培训体系的核心。

未来将是超级智能的世界，并且这个世界正在加速到来。因此，我们必须赋能我们的教育工作者和培训师，让他们能够帮助整个人类发展智能，使我们继续拥有"地球上最聪明的生物"这一称号。大规模人工智能的出现意味着如今我们需要应对这一智能挑战，并重新思考人类发展和进一步提升宝贵的人类智能的方式。本书提供了一些关键要素，旨在帮助你们了解如何在当下和未来，使你们自己、你们的学生、家庭以及同龄人在智能上都超过机器人、优于人工智能系统的水平。

MACHINE LEARNING
AND HUMAN
INTELLIGENCE
THE FUTURE OF
EDUCATION FOR
THE 21ST CENTURY

目录

第一部分
PART 1
重新定义人类智能

第二部分

PART 2

用人工智能解锁人类智能

MACHINE LEARNING AND HUMAN INTELLIGENCE

THE FUTURE OF EDUCATION FOR THE 21st CENTURY

PART 1

重新定义人类智能

MACHINE LEARNING
AND HUMAN
INTELLIGENCE
THE FUTURE OF
EDUCATION FOR
THE 21ST CENTURY

01
重新认识智能

1983 年 6 月 10 日那天，我的第一个孩子出生了，我们叫他詹姆斯（James）。直至今日，我依然记得当凝视那个依偎在我怀里的小人儿时，自己心里是多么惊喜。在那一刻，我的情绪是如此强烈，几乎让人难以承受。这个小家伙的气味是那么好闻，皮肤是那么柔软，呼吸是那么轻柔。任何一位父母都会理解孩子出生时那种全身心浸润其中、汹涌如浪潮的父爱和母爱，而且这种爱将伴其一生。那天，我不仅体会到了初为人母的爱、欢乐和兴奋，而且体会到了巨大的责任感。我怀中这个完美健康的小人儿还没有能力照顾自己，他未来能否健康成长完全依赖于我。我有责任保护他的安全，有义务让他幸福快乐。他是社会的一分子，我有责任让他充分挖掘自己的潜力。

在我的世界里，孩子的出生和成长是最大的奇迹。地球上有飞流直下的瀑布、层峦叠嶂的山脉、碧波浩渺的湖泊和一望无际的海洋，但这些对我来说不及见证一个孩子出生和成长这个奇迹之万一。女高音歌唱家歌唱的纯美曲子、精致美味的餐食、新鲜出炉的面包、现磨咖啡以及和煦夏日香橙花所散发的香味，无一不让人心醉，但这些在我们所处的复杂世界乃至整个宇宙中都只不过是浩瀚海洋中的一滴水罢了。然而，我们相信，作为拥有智能的人类有能力理解整个世界的复杂性，理解其中的各种奇迹和经验，并通过解释传达给其他人。我们甚至还相信，我们可以通过某些标准化指标来测试、衡量这种智能。

我们正在削弱人类智能

在如今的时代，我们痴迷于衡量自己各方面的能力，希望以此获得一种"一切尽在掌控之中"的感觉。不仅如此，我们还痴迷于与别人相互衡量，用以比较谁表现得好、谁表现得不好，或者谁没有表现出他本应达到的良好程度。我切身体会到这些是在我儿子出生后的最初几天，医护人员告诉我他的体重、身高和头围。我定期带他到婴儿诊所称重，并将他的体重与同龄婴儿的正常体重范围进行比较。我们采取此类措施的理由很充分，因为我们希望确保婴儿拥有健康的饮食和良好的照顾。但是，我认为我们已经过分痴迷于量化生活的方方面面，尤其是智能这方面，而这种过分痴迷得不偿失。

对于如何衡量事物以及应接受哪些信息来理解某事物，我们也很容易遵照权威人士的意见。比如说，在判断某食品是否新鲜时，我们不再用眼睛看它是否变色，不再用鼻子闻它是否变味，而是看一个写着生产日期和保质期的标签。我们采用一系列标准化考试，并以孩子们在考试中的得分来判断他们是否跟上了学习进度。我们以人们在社交网络上的朋友数量来判断他们的受欢迎程度，甚至以此来判断他们的个体价值。

作为一名科学家，我喜欢证据，但我同样重视判断证据是否有效的能力。然而我担心，大多数人已经丧失了自我判断的能力，陷入了需要权威机构来帮忙判别真伪的怪圈。这些权威机构可能是食品标准局或某零售商，可能是认定某资质的机构，甚至可能是一家大型技术公司。我们很容易就盲目相信此类权威，而不是利用我们的智能来评价、辨别和了解事物。我也担心，我们在选择相信此类权威之前，没有做太多考量和质疑。我们之所以选择相信某些权威，可能是因为其他人相信，或者是因为我们所尊重的人告诉我们这些权威可信，抑或是因为历史或传统等诸多因素使它们成了权威。也许我们之所以相信它们，是因为我们熟悉它们，或者是因为我们能够理解它们所制定的指标。然而，我们很少考虑自己为何会将某人或某物视为权威。**我并不是指我们需要质疑每个权威人士或权威机构，而是说需要知道自己相信某个权威的理由，以及知道在什么时候要寻找更多有效的证据和数据来判断此类权威的可信度。**我还担心，我们对于测量的痴迷与对简单方便的追求，正在逐渐剥夺我们对于价值的思考能力和判断能力。更糟糕的是，在判断某些事物的价值时，它还导致我们有所偏颇。尤其是，它让我们过度简化和低估人类智能，并过度重视人工智能。

　　只需要回顾一下 2008 年的全球金融危机，我们就能看出，在判别某权威是否真实可信以及如何利用真实有效的证据来做出判断方面，我们的能力确实非常欠缺。当时，金融机构说服人们去投资次级抵押贷款债券。利率一开始很低，但它不断上升，很多次级抵押贷款市场的借款人最终无法按期偿还借款。大量自认为充分了解信息的投资人就因为相信发行此类债券的银行，认为它们属于权威机构，而盲目购入了这些毫无价值的债券。即便当时有少数人对这些债券中的优先抵押相关条款提出质疑和担忧，也没有人听他们的，因为他们不是公认的权威机构，所提出的质疑又是在暗示一种前所未有的状况。另外，他们的观点令人十分不安，人们宁肯选择掩耳盗铃。我认为，当时的这些情况证明，人们已经失去了对证据有效性做出明智判断的能力，哪怕不是完全失去，也是十之八九了。如今，我们再次面临类似的问题，因为人们太容易相信"假新闻"了。

什么是智能

我们有很多需要有效评估其价值的事物，考虑到本书的主题，我将范围缩小到了人类本身。本书将主要探讨我们试图用哪些方式来判断人们的能力、智力和智能。我们从小就开始接受此类考试，并且终身都将如此。我们不仅在个人之间进行比较，而且在各国之间进行比较，比较哪国学生在该国的中小学和高等教育中表现最好，由经济合作与发展组织（OECD）所统筹的国际学生评估项目（PISA）就是其中一个例子。本书将主要探讨智能，因为拥有智能是我们与其他动物最根本、最核心的区别。

本书的重点在于我们以何种方式来判断、衡量某人是否聪明、某物是否拥有智能，以及我们是如何不断量化此类智能的。我将深入研究如今的教育体系对我们认识、探讨和评估智能的方式所造成的影响。在当今世界，人工智能的发展日新月异，因此，我也将整个研究置于机器智能化的大环境之中。这本书从一个务实的角度，为读者解开人类智能的关键要素，意在指出人类智能是我们需要珍视的瑰宝。通过本书的阐述，我将提出一个中心论点，然后就此讨论我们该做出何种反应。我认为，我们用于识别、探讨和评估人类智能的方法是贫乏且不当的。由于缺乏合适的工具，我们正在使自己变得更加愚蠢，而不是更加聪明。然而，我们自己才是这个世界上最宝贵的资源。

更糟糕的是，由于欠缺评价人类智能的方式，我们严重高估了新兴科技所拥有的智能。这无异于本末倒置，我们因为无法对周遭世界中所存在的证据做出合理明智的判断，所以将人类的未来置于危险之中。25年来，我一直在研究和开发用于教育的人工智能系统，所以我说的话绝非危言耸听。当然，我完全支持在教育中使用设计合理的人工智能系统，我也坚信人工智能在帮助人类学习和教学方面具有不可估量的价值。正是由于人工智能在我们如今的生活和学习中无处不在，所以才引发我深思，我们究竟该如何看待人工智能。

在我进一步展开阐述之前，我需要明确本书中"智能"的具体含义。根据《牛津英语词典》（*Oxford English Dictionary*），智能是"理解的能力，或称智力"。作为名词，智能是一种在智力层面上的"理解能力"。如果我们再查找"理解"的词义，就会发现，"理解"作为名词的定义是"知识"，作为动词的定义则是"领悟的能力，了解事物含义或意义的能力，或提炼事物概念的能力"。如果我们"理解"某事物，那就意味着我们"熟悉"该事物，并且是"通过经验熟悉该事物"。

以上种种解释看上去都有道理。但是，这些定义并没有指明我们到底应该如何评估一个人或者其他事物所拥有的智能。

事实上，在此类定义下，智能像是在某个节点上我们或拥有或没有的东西。当我们试图理解智能这类复杂概念时，借助于字典往往不是最佳选择。很明显，人类智能与以下这些密不可分：智力、诸多复杂的认知过程，以及我们对他人与自己所拥有的知识和技能的理解。正是由于拥有智能，我们才能够学习、运用所学的知识，通过综合考虑我们所掌握的信息来解决问题、与他人沟通、做出决定、进行思考、做出表达，以及从经验中吸取教训。这些肯定比我们在学校学到的书本知识要多得多。

几十年来，对于智能意味着什么以及我们如何评估智能，人们的观点已经发生了很大的变化。例如，著名的"苏格拉底悖论"（Socratic Paradox）可以追溯到柏拉图，并体现在"我知道一件事，那就是我什么都不知道"这句话中；有人说，爱因斯坦认为智能与想象力是密不可分的；哈佛大学早期的招生导师则认为，一个人使用多种语言的能力就是其智能的体现，这些语言包括拉丁语、希伯来语和希腊语。近些年来，随着我们不断试图量化和衡量智能，我们已经设计出了大大小小的测试，人们可以通过参与此类测试并获取分数来评估自己的智能水平。

在 20 世纪初，为了确定哪些孩子可能需要接受特殊教育，法国心理学家阿尔弗雷德·比奈（Alfred Binet）和助手西奥多·西蒙（Theodore Simon）设计了比奈 - 西蒙智力量表（Simon-Binet test）。智商的概念从此诞生了。该智力量表认为每个人都拥有特定的智商水平，并据此专门设计了一系列标准化测试来评估人类的智能，以被试在该测试中获得的总分数除以被试的年龄，所得结果就是被试的智商。此类智力测试的支持者们也承认，因为智能的概念本来就很抽象，所以测试的结果只是一个估值。多年来，智能测试结果被用于衡量某些特定的个体，确定哪种教育系统最适合他们、他们是否适合某项工作，以及他们是否有明显的智力残疾。

随后，人们又设计出更多形式的智力量表。例如，1939 年的韦克斯勒量表（Wechsler Scales），其中包含了非语言项目；1969 年的贝利婴儿发展量表（Bayley Scales of Infant Development），用于两岁以下儿童的发展评估；以及 1979 年的英国能力量表（British Ability Scales）。究竟什么是智能，如何评估智能，这些依然没有定论，新兴的人工智能机器及其大规模应用再次引发了人们对智能评估的研究兴趣。智能与教育息息相关，两者之间的联系也正在引发人们的进一步思考。随着人工智能在工作场合之中发挥的作用越来越大，人们也日益关注应如何在教育、培训和评估等领域做出相应改变以适应这种变化。

在接下来的两章中，我将详细介绍和智能相关的具体细节，我将从《牛津英语词典》所给出的定义出发，进一步探讨知识、理解和通过经验获得的熟悉度等相关核心概念。在本章接下来的部分，我想通过介绍本书中的一些关键论证因素来激发你的阅读兴趣，其中包括：智能的社会基础和人类发展的重要性、人类本能和运气的作用，以及真实有效的证据的价值。

智商只代表智能的很小部分

智商值是对某个人在特定时刻所具有的智力的评估，但智能不是静态的，它会随着时间的推移而不断发展。正是由于智能的发展，1983 年那天出生的小婴儿才得以成长为现在能够对自己的孩子负责的成年人。由于智力测试得分是将被试所获总分除以被试的实际年龄，因而个体随时间推移所取得的智能发展很难通过智力测试得分来体现。个体在发育阶段时，实际年龄并不是能够准确判断其智力的决定性因素。如果是的话，那么所有的孩子都会以完全相同的速度发育，但我们都知道，事实绝非如此，儿童之间存在许多个体差异，这意味着，在发育阶段，实际年龄并非是能够做出合理判断的决定性因素。

　　人类智能是如此复杂，而智力测试又是如此片面单一，我认为两者之间很难等同起来。我承认，确实有大量证据表明，智商得分与死亡率、学业成绩、言语流利程度等因素之间具有一定的相关性。[①] 即便如此，我依然认为智力测试无论是其本身，还是以一种静态的方式评估某人在某一特定时刻所拥有的智力的做法，都存在着严重的不足，因为智能具有非常明显的发展特征。只要我们没有患上痴呆症或其他心理障碍，智能就可以在我们整个生命中不断发展。因此，我们需要从这种不断发展的角度来思考智能。智能永远都是一个半成品，因为它始终处于不断发展和进化之中。

　　由于不满智力测试的不足，苏联心理学家利维·维果茨基（Lev Vygotsky）另辟蹊径，试图找到一种将人类智能发展特征考虑其中的更加合理的描述方式，尤其是针对学龄期的青少年。维果茨基认为，儿童的发展是他们与其他人进行人际互动的结果。此类人际互动过程是儿童得以不断构建其心理机能的基石，儿童的智能也因此得到相应的发展。

　　维果茨基所提出的理论通常被称为"文化发展法则"（law of cultural development），法则认为，每个个体的智能都是个体所处社会环境的产物。这也就意味着，社会对于其成员的智能发展有着不可推卸的责任。能够创造丰富的人际互动机会，从而使其成员的智能得到充分发展的社会，将拥有强大的群体智能。这个文化发展法则同样能够解释当儿子出生时我所感到的强烈的责任感，也证实了这种责任感的合理性。

---

① 详细内容可参见如 2016 年戈特弗雷德森（Gottfredson）和迪尔尼（Deary）所做的研究、1996 年美国心理学会（American Psychological Association）的相关研究，以及 2002 年杰克逊（Jackson）所做的研究。

在 1978 年、1986 年与 1987 年发表的维果茨基的相关研究，更确切地说是他以俄文撰写的研究论文的英文翻译版，在近些年来受到了相当多的批评质疑，例如 2015 年亚斯尼斯基（Yasnitsky）和范德维（van der Veer）等的论文。此类批评的出现主要是因为维果茨基著作的英语译文质量很差，和原著有诸多出入，存在很多误译。即便如此，我依然在阅读这些著作的英文版中收获良多。同一时期的行为主义心理学家倡导的是外在表现，这在当时十分流行，例如桑代克（Thorndike）在 1911 年和 1914 年的研究、沃森（Watson）于 1926 年的研究，以及斯金纳（Skinner）在 1991 年和 1957 年的研究，但相较而言，我更偏向于认同维果茨基对人际互动所给出的高度评价。还有一些其他备受推崇的学者所做的研究，我也同样信服。例如，杰尔姆·布鲁纳（Jerome Bruner）于 1996 年发表的研究指出，维果茨基在其理论中强调了社会意识对个人认知的重要影响，他认为这一理论非常重要。他认为，维果茨基的研究是具有革命性意义的，它让人们认识到社会意识应被视为集体主义和个人意识的融合。此外，在过去几十年中，我也针对相关主题进行了深入的科学研究，大量证据让我认识到维果茨基的观点的正确性，同时我也必须在此声明，确切地说，这里我所提及的维果茨基的研究成果指的是他原著的英译版或者编译版。换言之，对于维果茨基的研究成果，我始终持以科学思辨的态度。

维果茨基在关于人类智力和意识的研究中引入了发展的研究方式，他认为，人类基本的心理机能，例如非自主性记忆，构成了人类行为的基础，并且是进化发展的结果。此类低级心理机能是动物和人类所共有的。而高级心理机能，如创造性的想象力和理性思考，则是人类特有的，不能用与基本的非自主性心理机能类似的方式来解释。两者最关键的差异在于，人类所进行的思考是社会互动和人际互动的产物。我将这些高级心理机能称为"高级人类思维",而这种高级人类思维正是我们人类智能的基础。

高级人类思维是通过人类彼此沟通、协同合作而不断发展起来的。我们使用工具来完成各种任务,例如烤蛋糕、砌墙或者写书等,与此类似,我们将手势、口头语言以及书面语言作为工具,以此进行沟通和管理,展开协同合作。正是由于如语言这样的交流体系、符号体系的不断发展,人类才得以以抽象的思维模式来思考我们与世界的具象互动。我们能够思考和谈论自己没有亲身经历的事情。我们拥有抽象思维模式。

当接受真实世界、社会环境中的各种刺激时,我们会对这些刺激做出反应,而诸如语言一类的符号体系则为这个过程架起了桥梁。此类符号体系是我们高级人类思维机能的基石。语言的出现对维果茨基而言意义重大,其分量之重犹如有组织的社会劳动力的出现对于马克思和恩格斯的意义。正如文化发展法则所表达的那样,对人类智能的起源所展开的任何研究,都应重点考虑到个体所进行的人际互动与社会历史根源,而不应将重点放在某个个体的心理机能、生理成熟状态或基因遗传上。如果我们从社会人际交往这个角度来考虑和评估人类的高级思维和智能,那就会发现,智力测试完全没有抓住重点。我并不是说智力测试没有任何用处,我只是说,智力测试的结果只能代表人类智能的很小一部分,这部分仅仅是人类智能中需要用于完成智力测试所需的特定思维方式的那部分。

我将在第 4 章中详细探讨群体智能。现在我想讨论的问题是,人际互动的过程是如何形成人类的思维的。维果茨基将我们的社交活动与心理机能之间的联系称为"内化"。内化是一个极其复杂的过程,通过内化,我们不断习得和掌握用于像语言这样的社交活动的符号体系。当我们掌握此类外在符号时，它们能够转化为我们思维的符号，这个过程可以称为"心理的符号化"过程。内化的过程意味着，我们所处的不同文化环境将导致我们用在不同文化中浸润的思维方式去参与社会互动。我们在不同的社交活动中所使用的不同语言，不仅影响了我们用于思考的内在语言，而且使我们能够理清自己的思维，并将我们的思想和语言传递给后代。如果没有社会互动中语言的存在，那历史也将无迹可寻。

在之前关于智力测试及其得分的讨论中，我强调，所有关于智能的标准都需要以发展的眼光来看。维果茨基的理论正是从发展的角度来看待智能的，他认为，个体心理机能的发展取决于个体与其社会文化环境之间的互动。社会环境的性质会影响和塑造其中个体心理机能的特性。这种内化过程的理论结晶就是维果茨基最著名的理论："最近发展区"（zone of proximal development，ZPD）。最近发展区是针对学龄儿童的概念，因为人们认为，教学对于学龄儿童的知识技能增长效果特别明显，而最近发展区对于教学至关重要。值得注意的是，有研究人员发现最近发展区中的关键过程在学龄前儿童的认知发展[①]和成年人的认识发展[②]中均有出现。最近发展区描述了同一种文化环境中个体之间丰富的互动，例如，作为教育机构中的一部分与作为学生时不同的互动。这些多层次的互动会成为影响单个学生的发展和智能开发的最重要因素。在本书的第 6 章中，我将探讨教育应如何改革才能更好地为人类智能的未来做好准备，届时，我还将回归这个主题。

---

① 1984 年罗戈夫（Rogoff）等的研究以及同年瓦西纳（Valsiner）的研究。
② 2016 年沙巴尼（Shabani）的研究。

现在，我想将重点放在思维、意识和智能的社会基础上，以及为何我深受维果茨基理论的影响。我认为，从根本上来说，一个人的智能是与其社会互动能力紧密相连的。智能不仅源于人际互动，而且也越来越多地体现在人际互动之中。我在这里所说的人类智能指的是一个宏观的概念，而不是狭隘的掌握特定知识或使我们在智力测试中获得高分的技能。我将在下一章中深入阐述宏观意义上的人类智能概念究竟指的是什么，但现在，我主要想强调，在现代的智能概念中，社会互动依然应被视为基石。我们若想要在 21世纪不断取得发展和进步，就需要充分利用这种智能。这是一种人类所独有的智能，它源于我们对自己和同伴的情感，源于我们的感官，源于我们对自己和同伴的深入理解。这种智能是人类的核心，它对我们未来的福祉至关重要。

智能取决于本能

人们通常认为，人的本能是与生俱来的理性行为，但实际上，人的本能是无意识行为。此类先天性行为并非源自习得，用维果茨基的话来说，它们是没有中间媒介的行为。它们是生物体对刺激的直接反应。然而，这并不是说，它们就完全独立于与人类智能相关的由高级人类思维所引发的复杂行为。换句话说，我们的本能和智能之间存在着一定的联系。

为了进一步探讨和解释人类本能和人类智能之间的联系，我将引入一个近年来在人类心理学领域十分流行的讨论方式，这种方式之所以能够推广，主要得益于来自普林斯顿大学的诺贝尔奖得主、经济学家丹尼尔·卡尼曼（Daniel Kahneman）的研究成果。在之前的研究中，基思·斯坦诺维奇（Keith

Stanovich）等心理学家引入了一个概念，即人的大脑存在两套系统："系统 1"
和"系统 2"，卡尼曼在此基础上进行了扩展。他们认为，系统 1 是自动的，
不在我们的意识控制范围之内，这一系统可能就是我们所说的人类的本能。
系统 2 则是有意识的，需要耗费大量脑力，这一系统则是人类所独有的复杂
思维的产物，在我们的意识控制范围之内。因此，我们通常会将系统 2 与人
类智能联系在一起。在此，我并不是要强调，我们的大脑用两种不同的系统
来思考问题，而是想说，通过引入"我们的思维其实包含两个相互关联但又
互不相同的系统"这种观点来思考问题会非常有效。

在我看来，这种观点的关键之处在于，系统 2 的智能取决于系统 1 的本
能。换句话说，如果没有系统 1 的本能，也就不存在我们无比珍视的智能。
系统 1 是我们感知周围世界、认识物体、躲避灾害和痛苦、识别与我们谈话
之人是否处于愤怒状态等能力的基础。然而，系统 1 并非只能对刺激做出无
意识反应，它还能通过不断累积对外部刺激所做出的反应来建立联系，加
快思考速度，包括快速浏览简单文本、骑自行车等技能。系统 1 主导的行为
通常不怎么费脑力，而且似乎属于自主发生的行为。但实际上，在多数情况
下，它们是由积累形成的反应。

每个个体在系统 1 中所拥有的技能都不尽相同，因为系统 1 的一部分能
力来自在某个专业领域的不断实践所积累的技能，例如高级驾驶技能，或在
国际象棋对弈中，凭直觉就判断出某步棋是一步出奇制胜的好棋的能力。系
统 1 主导的行为包括自主发生的行为，也包括我们可以控制但通常不会主动
去控制的行为。每个汽车司机都经历过，当他们抵达目的地的那一刻才意识
到，他们这一路上并非时时刻刻都在专注于开车。在某些时候，他们似乎进

入一种"自动驾驶"的状态。这就是经过不断的专业训练，累积在系统 1 中的直觉技能。

相较于系统 1，系统 2 需要我们集中注意力。无论是驾驶新手无一不害怕的侧方位停车，还是我提笔撰写本书中的一字一句，这些行为都需要个体全神贯注，一旦分散了注意力，那由系统 2 主导的行为就会立即停止。 我们也可以使用系统 2 的思维来刻意控制系统 1 的思维，例如通过干预系统 1 正常的自主运行来将我们的思维集中在特定的活动上，包括在最后的时限内规划出一条复杂的路线、学习很难的微积分元素，或者研究莎士比亚戏剧中李尔王与他 3 个女儿的关系之间有何细微差别。

当我们刻意控制自己的思维，有意识地将注意力集中于某一项活动时，完全有可能错过在我们周围所发生的事情。当我们看着火车站的发车时刻表时，根本不会注意到那个拖着拉杆包的男人正要伸手打我们；当我们听老师讲微积分时，根本不会注意到教室窗外发生的车祸；或者在伦敦的环球剧场观看《李尔王》的演出时，根本不会注意到演出过程中下起了雨。即使事后我们得知了这些事情，也无法相信事发当时我们没有注意到：那个拖着拉杆包的男人不知道从哪儿就突然冒出来了；窗外的车祸不知道怎么一下子就发生了；演出中途下雨了吗？正如丹尼尔·卡尼曼所言："我们不仅会对显而易见的事物视而不见，而且会对这种视而不见一无所知。"

我在此介绍系统 1 和系统 2 的相关性，主要是为了强调这两个系统是相互关联的。系统 1 就像精力充沛的孩子，总想取得系统 2 的关注、对其行为做出反应。系统 2 大多数时候都像"懒散的"父母，因为在大多数情况下，一切照常进行。因此，系统 2 通常会接受系统 1 的建议，系统 1 的印象、感觉、直觉等就会转化成系统 2 有意识的想法和自主性行为。系统 1 只包含了大脑已经习得的能够自动处理的技能，而在一些情况下，我们所要处理的问题已经超出了系统 1 能完成的范畴，因此我们要启用系统 2 来处理问题。只有当需要系统 2 以更加专注的方式处理问题时，我们才会意识到系统 1 的存在。

系统 2 还控制着我们对自己的认知、我们调整思维的方式，以及对人类发展自我效能感而言最重要的元认知的知识和技能。自我效能感对于人类智能至关重要，我将在本书后续章节中详细讨论。

系统 1 和系统 2 之间的关系也并非总是和谐的。系统 1 总是精力充沛，时刻保持活跃状态，常常会自动产生许多难以避免的行为，这样就会给我们带来一些问题。这种倾向通常意味着我们的行为会具有偏向性，而我们自己甚至无法意识到这一点。举个例子，多年来我一直意识到，我特别容易听信某一特定类型的人。这类人总是积极向上、朝气蓬勃，总能谈些生动有趣的见闻，又有着丰富多彩的生活经历。当这类人向我提出什么建议时，即便我认为他们的建议不是特别合适，我也总是会倾向于听从他们。如果是一个安静、稍温和的人向我提建议，我通常需要找出更多的证据来证明他的建议是否合理。我知道自己有这种偏向性，但我仍然无法自控地受到这类人的吸引。对于这种状况，我认识得越清楚，就越能够更好地控制自己想要盲从此类朋友的念头。然而，想要很好地控制偏向性着实不易，这不仅需要耗费大量精力，而且也不是次次都能做到。

在上述例子中，我总是偏向于听从某一特定类型的人，这种偏向性毫无益处，此时我就会希望大脑中的系统 2 能够不那么懒惰，能更好地控制精力充沛的系统 1。然而，在紧急情况下，比如当我在火车站专心致志地看发车时刻表，一个拖着拉杆包、手里端着一杯热咖啡的人想要打我时，我大脑的系统 1 就会立马做出反应，让我离开，减少我受到伤害的可能性。在这种情况下，系统 1 的自发行为就是必要的。

　　关于这两个系统，我还想讲最后一点。这一点涉及斯坦诺维奇和理查德·韦斯特（Richard West）的最新研究，正是他们率先定义了大脑的两套工作系统。他们最新的研究重点是试图解释为什么有些人更容易产生偏向性。他们认为，系统 2 实际上由两个独立的子系统组成。子系统 1 所处理的任务是复杂计算、刻意的慢思考以及完成智力测试等，他们将其称为"算法子系统"（algorithmic subsystem）。这个子系统能够从一个任务快速切换到另一个任务，并且效率非常高。在智力测试中，如果被试的大脑系统 2 中的子系统 1 发展得很好的话，他们的得分通常就会很高。

　　然而，仅仅这样是不够的。系统 2 中还有另外一个子系统，这个子系统使我们忽略自己的偏向性，并在一定程度上控制如同一个精力充沛、时刻寻求关注的幼儿的系统 1。这就意味着，当我们的本能受到吸引，想要采取某种行为时，我们并不是没有动用系统 2，恰恰相反，我们的系统 2 耗费了一些脑力，允许了我们接受系统 1 的本能。系统 2 的第二个子系统让我们时刻保持注意力，使我们能够集中精神、自我控制，即便在疲倦的状态下也依然如此。这个子系统让我们能够对抗系统 2 的惰性。斯坦诺维奇称系统 2 中的第二个子系统为"理性子系统"（rational subsystem）。研究表明，具有较强理性子系统的人能够更好地应对认知负荷，避免过度自我损耗。如果大脑需要集中精神处理问题，从而大量消耗脑力，就会削弱我们的自控能力，这时候就会发生自我损耗。有证据表明，传统智力测试只能测量人们的算法子系统，但相较而言，理性子系统才能更准确地衡量个体的智能水平。

对于系统 2 中至关重要的第二个子系统，"理性"一词给人感觉太过普通了。实际上，一个更复杂的名字可能才更加合适，因为该子系统还包含了爱因斯坦非常重视的想象力以及我们产生自我认知的关键成分。我们需要找到一个更合适的词，来表达该子系统的存在使我们能够在清楚自己知道什么，也清楚自己不知道什么的情况下，用一种以准确目标为导向的有效方式来采取行动；它还使得我们能够合理解读始终处于活跃状态的系统 1 不断给出的建议和情绪等信息。我们需要找到一个更合适的词，来表达我们同样可以控制和调节自己的反应。我认为"自我效能感"可能比"理性"更加合适。

我将在接下来的两章中详细探讨智能，并将这个"理性"子系统与自我效能的概念联系起来。我在探讨自我效能感的概念时，会将其作为一种元认知的知识、技能和调节的混合体，并且它还带有某种特定动机。在这种情况下，系统 2 的算法子系统将提供准确的基于证据的元认知的知识和技能，而系统 2 的理性子系统则将提供元认知的调节和以特定目标为导向的动机。这两个子系统都是人类智能的基石，但是目前我们过度重视算法子系统，而没有同样重视理性子系统。我还将进一步探讨系统 1 自动思考的重要性以及我们对整个世界的感官体验，这些都是人类智能的一部分，而我们并未给予其应有的肯定。

运气对人类智能十分重要

那么运气呢，又作何解？你是在这样问吗？没错，我之前说了我将会探讨人类的本能和运气。运气就像经典芝士酱中的那一小撮辣椒粉或者最受欢迎的番茄意面酱中的那一小撮糖：它们犹如神来之笔，在我们对于整个世界的体验中起着画龙点睛的作用。运气无法由我们自己来掌控，因此我们不想承认运气在生活中的重要作用。有些人说，"你的运气你做主"，但当我看着世界上最贫穷地区的儿童们食不果腹，根本没有机会享受良好教育所带来的机遇和前途时，我就深深感到上面那句话的空洞无力，很显然，幸运之神没有眷顾这些儿童，而且他们也根本无法改变自己的现状。

我们希望将自己视为理性、智慧的人类，能够掌控自己命运的人类。我们不愿意去承认，运气其实在我们的成功中也起着至关重要的作用。因此，对于发生在自己身上以及其他人身上的事情，我们倾向于在事后进行合理化解释，这样一来，我们就无须承认运气在这些事情中所起到的作用了。

在我的早期学术生涯中，我认识到了好的表述所具有的力量。博士毕业后，我的第一份工作是一名研究员，当时，我参与的项目的研究目的是探索叙事在构建我们理解世界的方式时所起到的作用。正是这种叙事的力量导致了我们在事情发生之后做出合理化解释，从而大幅夸大了人类的能力。我们用这种表述来解释事情发生的原因、某人成功的原因，以及我们在考试中获得优异成绩或赢得一场桥牌比赛的原因。我们之所以这样做，是因为一旦我们将一部分成功因素归因于运气，就会破坏我们良好的自我感觉和自我评价，就会认识到自己感知力和智能的不足。然而，幸运女神带给我们的未知运气才是画龙点睛之笔。我们需要找到一种方式去承认，运气在智能的整个概念中同样起了十分重要的作用。

证据是智能的关键特征

关于智能的最后一个关键特征——证据，我想探讨的是：证据具有哪些性质，何种证据才是真实有效的，以及当我们调整自己的做法和行为时，应该考虑哪些证据？我在此讨论的证据指的是广义上的证据，是我们在整个世界中的观察和体验。正是这种基于知识和理解的证据，使我们能够以自我效能的方式去思考，成为拥有智能的人。此类证据是智能的重要特征之一。

作为一名科研人员，我需要快速识别哪些证据是真实有效的。这不仅需要我设计出合理的方式去收集数据，而且要从专业的角度去分析数据，并且能够从分析中得出关键结论。同时，我还需要整合多个来源的数据及其结果，并对其进行分析，得出结论，从而进一步推动自己的研究。不仅如此，对于同行和同事在他们的论文和书籍中所描述的研究和所呈现的证据，我也需要对其合理性和有效性做出判断。

就个人而言，我对一类证据特别感兴趣，这些证据能够证明某项科技是否有效，以及如果有效的话，又是如何产生效果的。尤其是当这项科技涉及人工智能，并且是用于教育领域时，我会格外热衷于找到相关证据去证明该项科技是否能够帮助学生更好地进行学习，帮助老师更好地开展教学。作为一名涉足教育应用技术的开发人员，常常会有人要求我们展示某项技术是"有效的"。因此，我花了很长时间和大量精力去研究，当我们说一项技术"有效"时究竟意味着什么，我们到底需要该项技术来做什么。我还与一些教育应用开发人员合作，尤其是那些已经成立了小型开发公司的企业家或是在此类公司任职的员工，我的主要任务就是帮助他们了解哪些证据能最好地证明他们的技术"是否有效"以及"效果如何"。

经过多年的专业训练，我已经能够快速、准确地识别哪些证据才是真实有效的。如果没有这个技能，我肯定无法再在这个领域继续下去。我也逐渐意识到，这项技能是多年以来不断练习和学习的结果。最近，我的同事穆特卢·库洛瓦（Mutlu Cukurova）博士和我正在设计一个培训课程，帮助参与课程的企业家去理解研究型证据。该培训课程的初衷是教会这些企业家解读研究报告中的结论、设计出合理的方案去收集和分析数据，从而帮助他们了解自己的产品或服务对于目标受众，即学生和老师是否有效。在此，我必须声明，穆特卢着实是一位非常有才华的学者，整个课程设计都是他在挑大梁，他所设计的培训课程优秀极了。

当第一批企业家满怀热情地加入培训课程时，我们很快就意识到，虽然这些人智能水平颇高，但他们一直以来都专注于企业经营，因此对他们而言，这个课程还是太复杂了。我们需要提取课程的精髓，如爱因斯坦所说的，"删繁就简，要义不减"。以此为方针，穆特卢重写了整个课程。

改进之后的课程使第二批企业家受益颇丰。整个课程的学习对他们而言是一种挑战，但他们乐在其中，也从中学到了很多。我一直认为，如果人们能够在经过点拨后认识到何种证据才是真实有效的，了解到如何重新审视和判断根植于他们脑中的信念并理解自己是如何受信念影响进而采取行动的，他们必将受益匪浅，而这个课程无疑证实了我的观点。我一直担心，如果人们未能接受良好的培训，没有获得识别真实有效证据的能力，就很难在真伪之间做出合理的判断。如今，社交媒体肆意操纵着人们的观点和意见，此类事情屡见不鲜，也证实了我的担心并非多余。社交媒体的回音室效应、虚假新闻报道和伪专家的泛滥，都让事态更加严峻。如果人们不知道如何有效区分真实和虚假，不知道哪些只是意见，需要他们从证据中得出结论，从而形成自己的意见，那么他们轻易就被互联网大量真伪难辨的信息所欺骗也就不足为奇了。在此，我并非建议每个人在社交媒体上看到一条新闻报道时都去做一次全面的文献综述，而是建议**每个人都应培养自己辨别真伪的技能和知识，学会用批判的思维方式来处理这些新闻报道，并应知道当我们需要找寻可靠证据时，要如何搜索以及在何处搜索。**

下一章中，我会讲到我们很容易混淆信息和知识。信息是需要我们去分析和整合的数据，我们需要从这些数据中抽取关键内容，从而构建知识和理解。在此，我想谈谈提问的重要性，因为正是这些问题推动我们做出判断，确定究竟哪些才是真实有效的证据。

库洛瓦和我一直认为，想要帮助企业家理解研究型证据，最重要的一点就是教会他们如何提问。如果企业家知道如何提问，那就不仅意味着他能够理解相关研究的现有出版物和报告，而且意味着他能够知道如何进行数据收集和分析，并了解要收集和分析哪些数据才能准确知道一项技术"是否有效"以及是"如何生效"的。作为一名科研人员，我深知，在开始考虑可能需要收集哪些数据或者想从现有研究中收集哪些证据之前，我必须花大量时间想清楚自己究竟想从证据之中获得什么问题的答案。当我们发现企业家们未曾认识到这第一步的重要性时，并没有惊讶。如今，我们身处大数据时代，海量信息唾手可得，很容易就让人忘记了应该在查找数据之前想清楚究竟想要什么问题的答案。

为了帮助参与课程的企业家提对问题，从而进一步推动他们的研究设计，我们首先做的就是帮助他们认清楚一个好想法和一个研究型问题之间的区别。他们研发的技术通常是用来解决某种有问题的状况的，我们就通过询问他们这些问题具有何种性质来拓宽他们的思路。我们指出，针对同一种有问题的状况，可以提出不同类型的问题。例如，我可能认为存在着某个问题，并想做更深入的了解，在这种情况下，我会提出探索性问题；或者，我可能想找出解决这个问题的办法，这时就会提出针对性问题和方案，并判断自己给出的解决方案是否可行；抑或，我可能想从根源上改变有问题的状况，从而观察这样是否能解决问题。我们鼓励参与课程的企业家去探究，对于他们的企业和技术，什么问题才是对的问题、问题对在何处、该问题为何与客户相关，以及能否通过严格管理来控制潜在偏向性和主观性。我们让他们确保自己不会在不知情的情况下做出假设，同时还让他们关注自己在研究型问题中的措辞，他们需要确保问题的表述清晰明确。

为了帮助参与课程的企业家更高效地学习，我们引入了"变化理论"的概念。变化理论指的是，在特定背景下，对预期变化的发生方式和原因的综合描述。我们向企业家们介绍变化理论概念的逻辑模型，让他们利用该模型来展现自己在公司业务中所做的干预措施和行动。通过该逻辑模型，干预措施与其结果和后续影响之间的关系一目了然，他们公司的技术能否带来他们所期待的结果也就非常清楚了。我们之所以要让企业家们创建这个逻辑模型，目的是帮助他们将他们正在采取的措施与想要的结果联系起来。对于产

品或服务所能获得的主要效果，企业家们往往很难衡量，也不知道究竟是哪
些措施产生了这些效果。

企业家们如果想要通过研究来解决问题，就必须先设计出问题的框架，
而上述逻辑建模的过程正好能够为他们的设计打下基础。在这个阶段，我们
的任务还涉及一个颇有争议的主题，即我们对知识的本质和范围、对自己如
何了解世界所持有的信念，通常这种信念被称为"认识论"。很多关于认识
论的书均出自博学的学者之手，比起我来，他们能够更好地解释这个复杂的
概念，例如霍弗（Hofer）和宾特里奇（Pintrich）于 2002 年出版的著作。然
而在这里，我将把重点放在介绍认识论的关键要素上，以证明在构建人类智
能的概念时，我们必须并且能够将认识论纳入其中。关于这一点，我们在参
与课程的企业家身上得到了验证。因为如果他们想知道企业的技术"是否有
效"以及"如何生效"的话，他们就必须了解自己所选择的收集证据的方法，
而他们内在的认识论将深刻影响他们的选择方式。

我们认为知识是什么，我们又是如何认为自己已经掌握了某方面知识
的？认识论对于这两点的认知至关重要。本书将多次探讨个人知识这个主
题，而且在下一章中，我将深入探讨个人认识论的概念及其对我们学习方式
的影响。本书均是从广义上对认识论进行探讨的，即我们对知识的本质和范
围、对自己是如何了解世界的认识。对企业家而言，认识到他们选择证据的
方式将受其认识论的影响是至关重要的。

关于我们如何了解世界这个话题，有两个极端的立场，这两者之间又
有各种相对中立的立场。极端立场之一是实证主义者所持的立场。实证主义
者认为，世间万物均有真相，只要我们能够找到真相，就能解释现实中的一

切。这种立场非常灵活，而且参与课程的许多企业家刚开始都持有这种立场和信念。他们刚开始最感兴趣的通常都是试验研究设计，经常会涉及随机对照试验和定量数据分析等方法。他们认为，此类方法能证明，他们的特定技术产品或服务能够对其用户产生积极、重大的影响。而我们的目标就是，让他们拓宽思路，接受其他收集证据的方法。

在实证主义者的对立一端则是经验主义者，他们认为，我们对世界的认识和认识方式实际上均受到人类经验的影响。经验主义者的观点是，理论永远无法得到充分证明，并且除了随机对照试验，还有很多其他收集和分析数据的方法，这些方法均有其价值，尤其是当需要进行大型试验，而被试数量和资源又比较有限时，其他方法就有了用武之地。我们在课程之中向企业家们灌输了此类理念，让他们认识到他们采取措施时存在很多主观因素，他们需要对其进行管控，同时让他们认识到他们采取各种方法时需要保持一致性。最后，我们还需确保他们能够验证他们设计的研究。

还有一个方法可以用来检验证据是否真实有效，那就是检验其研究的普遍性。参与课程的企业家所开展的试验很少能邀请到大量被试，而且持续时间大多比较短，这意味着他们的试验通常来说普遍性不高。因此，我们需要让他们认识到研究结果可转移性的重要性，并让他们学会通过将自己的研究方法应用于不同的试验环境来判断其研究设计是否严谨。为了达成上述目标，他们就需要确定原始试验环境和后续对照试验环境之间是否有足够多的相似因素，从而判断试验结果是否具有可转移性。

我们培训课程的明确目标是，帮助参与课程的企业家收集有效证据，从而进一步帮助他们改善其产品或服务的设计,并使他们能够更好地向投资者和客户展示其产品或服务所能达到的效果。然而,我们开设此培训课程还有另外一个重要原因,那就是我们希望企业家能通过课程的学习,学会有效地利用前人研究中存在的证据。这意味着,我们需要教会他们确认什么样的证据才是真实有效的。我们希望通过教学来帮助他们认识到,针对他们采取的特定干预措施,需要如何进行有效的数据收集和分析。同时,对于他们能够接触到的现存证据,我们还帮助他们学会判断此类证据的有效性和价值。我们希望,他们能够将在设计自己的研究时所持的质疑心态用于阅读相关研究报告和论文中。通过运用从我们的培训课程中习得的知识和技能,他们将可以选择最合适的证据,并且在开展教育类技术研发时,能够利用证据更加明智地做出决策。

本章小结

在本章结束之前,我必须回到章标题——"重新认识智能"。我在前面讲到了自己对于人们低估人类智能的担忧。之所以会出现这种低估,是因为我们认为,人类智能及其根植于社会互动中的状态都是理所当然的。关于理解事物的能力究竟意味着什么,我们也未曾深究;而认清理解的本质,对于帮助我们做出明智的判断,分清在什么时候可以笃定、在什么时候又应该怀疑都是至关重要的。那么,这一切与人工智能又有什么关系呢?事实上,关系非常密切。如之前所述,我们用于识别、探讨和评估人类智能的方法是非常贫乏的。由于缺乏相应的方法,所以我们严重低估了人类智能,同时高估了机器的行为能力。而且,我们还将机器的能力也称为智能——人工智能。通过这一章的描述,我想请你好好思考一下人工智能中的智能究竟意味着什么，尤其请你仔细思考一下人工智能的能力，从而进一步解释机器究竟知道什么、相信什么。

在第 2 章和第 3 章中，我将深入解读关于人类智能的各个重要要素。通过解读，我希望你能认识到，人类智能是一项了不起的壮举，它广博丰富而又精妙复杂。我将带你认识到，智能远远不止我们在学校学习各科知识的能力、记忆的能力、解决复杂数学问题的能力、拍摄精彩照片的能力，或者撰写精彩文章、电影剧本、诗歌的能力。智能是社会性的、带有情感的、主观的，它并不总是可预测，但它是思考的基础。我将证明，对于人类智能，自我意识和自我效能感是至关重要的，而这两者在人工智能体系中尚不存在。

在第 3 章中，我将进一步探讨，我们在发展自我认知以及对世界的认知时，智能的影响和作用。我将探讨，我们如何发展认知的能力，又是如何知晓自己拥有认知能力的，即元认知。我将详细阐述人际互动和社交智能，这两者正是人类智能行为中最被低估的部分。同时，我还将解释我们对周遭世界的主观体验和身体体验的重要性，因为这些体验是我们得以了解世界、了解自己的基础。

第 4 章整合了我在第 2 章和第 3 章中阐述的所有智能要素。我将引入交织型智能的概念，以此来进一步思考和探讨智能。交织型智能由 7 个不同的要素组成。之所以使用"要素"一词，是因为该词意味着这些内容是至关重要、不可或缺的。

在第 5 章中，关于对人工智能的理解，我将探讨更广泛、更丰富的含义，即我们可以而且必须通过调动和评估更加复杂的人类智能来与人工智能联系起来。在第 6 章中，我将探讨利用人工智能来帮助人类提升人类智能的含义。如果我们的教育体系找对了方向，那就可以利用人工智能来帮助我们实现人类智能的发展。我将把重点放在学习上，并将强调一点：如今正是不断学习才使人工智能成了人类的威胁。我们必须牢牢记住，人工智能无时无刻都在不断学习，它们永不厌倦，这就意味着它们总是在不断改进。因此，我们也必须不断学习。只有不断学习，才能筑就成功和智能的基石。如果我们善于学习，世界就将任我们驰骋，人类也将不断取得进步。

在最后一章中，我回顾了前面 6 章提出的论据，并对主要论点进行了汇总。总而言之，我们用于识别、探讨和评估人类智能的方法和工具是极其贫乏的。由于缺乏此类方法和工具，我们正在削弱人类智能，而非增强人类智能，但对我们而言，人类智能恰恰是这个世界上最宝贵的资源。本书介绍了几种合理看待人类智能的方式，主要是通过交织型智能的七大元素来实现的。其中，我特别强调了"认识的认知"（epistemic cognition）和自我效能感。在本书开篇，我谈到我们痴迷于测量，逐渐变得无法通过一系列证据来做出正确的判断，而培养认识的认知正好可以反映这一点。与此同时，培养对自我效能的感知能力对于发展人类智能至关重要，如果想要测量人类心智，那么自我效能感就是关键数据。

| 给学习者的启示 | 1. 由于欠缺评价人类智能的方式，我们严重高估了新兴科技所拥有的智能，这无异于本末倒置。 |
| | 2. 智力测试的结果只能代表人类智能的很小一部分，这部分仅仅是人类智能中需要用于完成智力测试所需的特定思维方式的那部分。 |

MACHINE LEARNING
AND HUMAN
INTELLIGENCE
THE FUTURE OF
EDUCATION FOR
THE 21ST CENTURY

02
人类的元认识，
掌握有效学习的实质

智能，我们为之鼓掌欢呼，同时又对其嗤之以鼻。我们都认为自己拥有一定程度的智能，我们还认为人类与生俱来就知道智能是什么。我们测试智商，比较谁更聪明。人类智能指的就是我们的智力水平，是我们在与周遭世界互动时建构知识体系、理解世界的能力，是我们培养技能、掌握专业知识的能力。拥有智能，使得我们能够学习、交流、决策、表达自己以及诠释他人。近几十年来，与智能相关的概念已初步形成，但我认为，这些概念是否已发展到足以使我们应对智能机器的冲击还有待讨论。

关于智能的理论有很多。例如，在 20 世纪初，查尔斯·斯皮尔曼（Charles Spearman）提出"一般智力"理论，该理论认为智能是由性质不同但又相互关联的智能因素组成。之后，霍华德·加德纳（Howard Gardner）于 1983 年提出了一种"多元智能"理论，该理论认为，我们每个人都同时拥有 8 种智能，后来，加德纳又将存在智能和道德智能纳入其中。然而，加德纳认为，这 10 种不同类型的智能是相对独立的。罗伯特·斯滕伯格（Robert

Sternberg）于 1985 提出了"三元智能"理论，他认为智能的种类包括：分析性智能、创造性智能和实践性智能。这些理论都很有意思，你不妨找来看看。然而，我在此的观点是专门针对认识和评估智能的挑战的，这有助于我们的智能价值不会沦落到被目前的人工智能技术所取代。此处的重点不在于智能是如何进行复杂又精密的运作的，也不在于发展一种新的理论来弥补现有理论的不足，我所感兴趣的是，以一种新的方式来讨论智能，从而使我们所拥有的智能发挥出最大的价值。

我已经在上一章中指出，人类的发展与思维和意识的社会基础在我的智能观中非常重要。本能和直觉相关的概念当然也有一定的地位。在此，我不仅将深入研究人类智能的认知和元认知方面，而且会深入研究我们情绪的重要性和智能的本质。我希望智能可以被尊为人类丰富而复杂的本质。

我必须明确表示，我知道如今有大量关于智能的研究、分析、理论、评论以及赞美，这些文献的作者大都具有大量的跨学科专业知识。与他们不同的是，我采用了一种务实的方法，撰写本书的初衷也是希望自己能够更深入地了解智能。虽然我已经广泛阅读了相关文献，但我对智能的认识仍然极不完善。然而，我决定接受自己的不足之处，而不是让无知阻止我去解决自己深切关注的问题，因为这意味着我要不断质疑自己接触到的所有理论，而这些都会增加我对人类智能的理解。我希望，这种不断的质疑能够成为这本书的价值所在。我坚信，我们所有人都需要怀着这种不断质疑的态度，才能使人类智能不断发展下去。

对人类智能有更深的理解是我的追求，这使我试图解开智能关键维度的神秘面纱，本章的目的正在于此。

无论某个事物真实与否，我们都能轻松地表达自己相信与否。这些日常对话正是数千年来知识体系不断形成、不断理论化的途径。我将重点讨论我们谈论知识的方式会如何影响我们与知识之间的关系，从最开始的柏拉图时代，我们将知识概念化为"确证的真信念"（justified true belief），到如今我们不仅认识到自己与知识有着十分复杂的关系，而且认识到如果想要明智地使用我们的智能，就必须深刻理解这种关系的重要性。我认为，为了不断发展人类智能，现在可能是时候对智能的概念进行范式转换了。随着智能机器不断发展，想要在这场人机大战中取胜，我们就必须换一种方式来思考智能。美国哲学家托马斯·库恩（Thomas Kuhn）于 1962 提出了"范式转换"的概念，即科学不能只遵循线性的连续进步方式，而需要科学家打破原有的主观经验，为智能开创出之前无法想象的层面。现在，是时候让我们放下主观意识，仔细思考一下究竟什么是智能了。

什么是知识

首先，让我们来思考一个相较于"什么是智能"而言更为简单的概念，这个概念对智能来说很重要，但它既不属于智能的范畴，也不是智能本身。这个概念就是"知识"。我迄今为止所有的相关体验和经历造就了我讨论知识的方式，这些体验和经历包括：我的受教育经验、我教授各种年龄段学生的经验、我对计算机和认知科学（尤其是人工智能）的研究经验。这些体验和经历无不影响着我现在对知识的思考方式。我是一名做跨学科研究的学者，因此在研究深度上，我可能无法与那些专门研究哲学或者认识论的专家相提并论。然而我认为，在 21 世纪，我们需要以跨学科的方式来看待知识，跨学科是一种最基本的方法，各个领域的专家免不了要借鉴一二。我希望，通过这些跨学科的研究，我可以得出自己想要的答案，也希望能引起足够的关注，让那些同样怀着不断探寻真理之心的人加入进来，在我的基础之上做进一步的探索和研究。

自从我们被海量数据所包围，我就渴望找到一种恰当的方式来讨论知识。20 多年前，当我还是一名学习计算机科学的本科生时，随时随地使用智能设备还只是一个梦想。如今，我们面临着人工智能系统的巨大冲击，这些系统正在篡夺人类作为智慧生物的角色。我对目前我们谈论知识的方式感到不安，对我们谈论知识时所使用的语言感到不安，因为我知道知识并未得到清楚透彻的表达。我们正在削弱知识的价值，并将其与信息混淆，我希望找到一种方法来挽回知识应有的地位，并确保人们在更广泛的意义上理解和重视它。

我依然记得很清楚，那是 2012 年 1 月的一天，我对知识的不安感浮出水面，当时我就知道，我必须对此做些什么了。那是一个阳光明媚的早晨，我漫步在伦敦的尤斯顿路（Euston Road）上，路过大英图书馆时，一个标识引起了我的注意，那上面写着"请进来，这里免费提供知识"，这句话让我很恼火。这句话似乎让人觉得，人们只要走进图书馆，翻上几本书，就能获得知识，跟去超市买香蕉一样，这让我觉得十分不开心。我深知，我必须从可获得的有效信息中构建自己的知识体系，而不是由其他人直接传递给我，当然了，别人的信息能够在我构建知识体系时提供助力。我也知道，我希望通过不断将自己接收的信息资源联系起来，来增加我的知识。我还知道，这个过程非常辛苦。就在我看到上述标识的那个月内，我开了一个博客，名为"知识的错觉"（The Knowledge Illusion），我在上面发帖，阐述自己对知识的不安，并鼓励读者留言讨论。就在撰写此类令我担心的问题和我对如何解决这些问题所持的想法时，我认识到，所有这些观点和想法也在不断发展、进化。当然，博客上的许多观点和想法都已经纳入本书。

我在郊区长大，家里有父亲、母亲、哥哥和我，我对知识的好奇心始于8岁那年。父亲是一名飞机工程师，母亲是一名教女人打字和速记的教师。那时，那些女人的工作即将被数字计算机的超强文字处理能力彻底改变。我哥哥比我大3岁，他对正规教育没有丝毫兴趣，这让我父母忧心不已。我们家不能说是到处都塞满了书，但我父母买的书都是他们认为能"提供知识的书"。他们将辛辛苦苦挣来的钱都花在了《儿童知识之书》（*A Children's Book of Knowledge*）和一整套百科全书上。如今，书架上仍然塞满了这些书。为了让我们能够获得最前沿的知识，父母还订阅了一份科普周刊。报童每周一次将杂志"啪"地扔到家门口的声音，真可谓是饱含了知识的重量。

对于似乎要将家里打造成图书馆一事，我哥哥兴致缺乏。相较于让他坐在家里读书，他更热衷于探索我们房屋周边的林地，而我父亲却逐渐迷上了阅读科普周刊。虽然他没有太多时间阅读，但每天晚上睡觉时，都会穿着佩斯利花纹睡衣，捧着杂志，看上几页。由于他每次都看不了几页，常常这一期还没看完，下一期就来了，所以他床头柜上的杂志越堆越多。一月月、一年年过去了，灰尘聚集，杂志的边角都开始变得卷曲起来，床头柜上再也堆不下了，于是堆到了地板上。然而，他的兴趣丝毫未曾减弱。从那时到多年后他去世时，床边始终都有一堆旧期刊。

对我父亲来说，那些过期的杂志、布满灰尘的纸张能给他提供知识。然而，我并不认同他的观点，对我而言，我并不认为看书、看杂志就是在获取知识。当然，我确实相信，如果一个人具备为自己有效构建知识体系的能力，那么这些书籍和杂志所包含的信息当然能够为他构建知识体系的过程提供有价值的养分。父亲对知识的追求令我十分佩服，我深信自己在知识道路上以另一种方式展开的不断求索，正是得益于父亲的言传身教。

第一套百科全书——《百科全书》(*Encyclopédie*) 出版于 18 世纪启蒙运动时期，当时正是伏尔泰和德尼·狄德罗 (Denis Diderot) 等知名学者在法国沙龙中互相结识的时候。《百科全书》是我们智能发展史上的重要一步，因为这套百科全书的 35 卷从法国出口到了欧洲其他各国，其中也包括英国，它提供了大量信息。用维果茨基的话来说就是，我们可以将这些信息作为"工具"使用。这个工具能帮我们用更多更先进和复杂的方式去学习。从社会科学视角来看，获取知识的过程是一种涉及认知、经验、关联和推理的复杂过程。这个过程需要学习者极其努力，投入大量的脑力。因此，知识绝非是走进某个图书馆，拿本书阅读几行文字就能获得的。知识也绝不能一概而论，像大英图书馆那个标识所暗示的那样，与信息混为一谈，这着实让我很生气。

并非所有形式的知识都能以相同的难易程度被我们内化。例如，如果我获取了一些关于天体物理学的信息，就会发现要将这些信息内化成自己知识体系的一部分，比阅读一本关于冯·诺依曼 (Von Neumann) 计算机体系结构的书难得多。我们将新接收到的信息内化成理解的能力取决于我们已有的知识体系，并受不同专业性质的影响，有些专业的知识会比其他专业更明确、更具条理性。我们所拥有的知识涉及我们和世界的关系，这个世界处于不断变化和发展之中，因此也就要求我们必须不断重新审视自己与世界的关系，以及我们对世界有所了解的意义。正是通过构建知识体系，我们才得以认识和理解这个世界，这也正是我们与其他物种的不同之处；也正是通过语言符号来表达和使用知识所蕴含的各种成分，我们才得以以抽象或具象的形式来讨论知识。

我父亲钟爱于学习和记住那些事实类信息，而那些仅仅只是简单直白的信息而已，知识的概念远比信息复杂得多。几个世纪以来，知识的概念一直是人们争执不休的主题，直至今日依然如此，人们提出了数不清的定义和理论，一些哲学家和科学家甚至终身致力于研究这个课题。在启蒙运动之前，欧洲对于知识的理解还没有那么复杂。然而，正是由于出现了像洛克、斯宾诺莎和牛顿这样伟大的思想家，我们才得以走进理性时代的大门，正是他们促进了我们在智能上的交流。

本书并不打算从历史和哲学的角度来详述对于知识的学习，而是想提供一种思考和讨论知识的方式，通过这种方式，我们可以更清楚地分辨出什么才是真正的知识。**在当今这个数字时代，我们面对着可能成为知识的海量信息，因此懂得如何区分真正的知识变得日益重要起来**。我的目标是，通过深入理解极具影响力的关于知识的理论，找到一种方式将这些理论整合到一起，从而在这个需要同时应对"智能"机器和智能人类的当下，给人们提供一种实用的方式来探讨知识和智能。就知识遗产中最不透明的领域之一，我希望本书的讲述能够帮读者揭开其神秘面纱，让更多的人能够更加条理清楚地思考知识、更加理解他们自己的个人认识论。在我看来，这些都是极为重要的。

知识和信念要分开

展开讨论最直接有效的第一步是将知识与信念区分开来。比如说，我相信，肖恩·康纳利（Sean Connery）是特工 007 詹姆斯·邦德（James Bond）的最佳扮演者，尽管丹尼尔·克雷格（Daniel Craig）紧随其后，但还是稍微逊色了一点。我还相信，上个月载我飞往纽约的波音 787 梦想客机不会失事。然而，我相信这些事情并不意味着这些信念本身就能等同于我的知识。我对谁是詹姆斯·邦德的最佳扮演者的看法实际上只是我的个人意见；我信任波音 787 梦想客机则完全是基于合理的证据，而且确实符合柏拉图对知识的定义，即知识是"确证的真信念"。因此，上述两个例子中，只有我对波音 787 梦想客机所持有的信念才有可能被视为知识。我们在多大程度上同意这种信念属于知识，取决于我们所接受的知识的定义以及我们用来证明其真实性的证据。

我的目标并非是要告诉你应该接受何种知识定义，而是提醒你要考虑到知识定义的诸多可能性，并思考在你眼里知识究竟是什么。我希望，在你试图辨别真伪时，在判断某些信息中是否拥有足够的证据，能让你接受并将其纳入你的信念之中时，在区分你能够用哪些信息来不断构建和发展自己对世界的认知时，本书能助你一臂之力。

知识能为我们做些什么

在讨论完信念与知识的区别之后，第二步就是思考知识对我们所起的作用。知识能够帮我们理解世界，这种描述是合理的。但如果说知识能够超越人类对世界的体验，超越所有其他物种对世界的体验而客观存在，这种描述合理吗？

我希望这个问题的答案是肯定的，因为这将使我相信，我在学校的学习生涯是有价值的。我记得生物课上，我们做过煮沸绿叶提取叶绿素的实验，从中我学到了植物在动物呼吸中所起到的作用。我还记得我们学习过表达光合作用过程的公式，如果再努力一点的话，我或许还能想起这个公式。我还相信，当初我在学校学习光合作用的过程中，我坚信这是一个经过科学家发现并验证的科学过程，它揭示了世界中关于呼吸的真相。我发现，若非我深信这个公式是一个具有很强解释能力的客观事实，就很难想象我将如何理解呼吸。然而，我认为，我们在这个世界中的亲身体验同样具有价值。

如上一章所述，卡尼曼的著作讲述了我们的"经验思维"（experiential mind）和"算法思维"（algorithmic mind）之间的关系，而客观与主观之间的矛盾也主要存在于这个领域。例如，拉夫（Lave）和温格（Wenger）于1991年提出了合法的"边缘性参与"理论（Legitimate Peripheral Participation），该理论指出，基于情境的学习者在其所处的社区中所习得的一切就是其真实的知识基础。我个人是赞同这个理论的。换句话说，后现代思维方式突出了知识的多元性和内在性，这种思维方式的真实性深深吸引了我，但科学理论，如与呼吸有关的理论，为我们提供的抽象思考能力同样让我欲罢不能。通过学习呼吸相关的化学方程式，我理解了呼吸的原理，而我所处世界中的一草一木又让我拥有了和呼吸有关的体验。然而，我也很清楚，如果科学方法缺乏一定的背景，其解释力就会大打折扣。作为一名习惯将所有知识都纳入一定背景的学习者，我一直坚信，知识背景在我们的教育体系中的重要性并未受到应有的重视。任何缺乏背景的知识对我而言都很难具有说服力。

在上一章中，我讲述了我们在伦敦大学学院（University College London）所提供的一系列培训课程。参与课程的企业家通常都喜欢采用实验研究方法，其根源在于他们大多都持有实证主义思维方式，而课程的目的就是让他们换一种思维方式进行思考。实证主义在知识领域也是如此，它认为，客观真实的知识是存在的，而且能够用实证的方法进行验证。实证主义取代了之前占主导地位的形而上学思维方式，它所采用的科学方法的核心在于，它的基础是科学理论与实证研究之间的循环性和相互依存性。实证主义深深影响了涂尔干（Émile Durkheim）的研究工作，而他正是社会科学的奠基人，这也导致了后来持反实证主义立场的批评理论家们反对其研究成果。对我来说，实证主义完全站不住脚。与卡尔·波普尔（Karl Popper）这样伟大的思想家所持观点一致，我认为，我所持有的信念根本无法完全被证实，因为我们无法拥有完全证实所需的全部信息。当然，要证明某些信念是错误的或者不属于知识的范畴，这完全是可能的。

证伪无疑为解决知识的本质究竟是什么这个问题助了一臂之力，但它本身并不是答案。波普尔的后实证主义保留了客观事实存在的可能性。后实证主义对我来说很有吸引力，因为它使我能够合理接受我在学校学到的科学知识，将其视为客观事实，但同时，我也不免有所犹豫，因为它主张，在知识领域是有一整套固定的原则和标准。对早期的书籍来说，15 世纪的僧侣扮演了捍卫者的角色，因为当时绝大多数人都是文盲，只有他们识字。同理，物理学、历史学或生物学等知识类学科中的规范和准则，也可以成为人们手中拒绝改变、因循守旧、忽视次级群体需求的有力工具。这是客观性和主观性之间、多种形式的实证主义和后现代主义之间的典型僵局，而这也意味着，我需要在两者之间找到平衡。

如果说知识只产生于我们自己和他人在这个世界上的体验，这种说法我也无法认同。因为这种表述会将知识的话语权归于知者手中，以他们所持观点为准。这种观点的政治力量是非常强大的，但它同样可以用于对抗它原本捍卫的次级群体，因为它剥夺了他们可以用来解放自己的框架。能够认识到后现代主义方法具有种种缺陷很重要，同时，认识到自 16 世纪以来科学在社会中所发挥的作用起了翻天覆地的变化这一点也很重要。随着科学界的实践产生了许多新的知识理念，我们对知识重要性的认识也随之加深。技术领域已经发生了巨大改变，因此我们也是时候迈出转换这一步了。

知识从哪里来

相较于客观性和主观性之间的差异，理论与实践之间的关系略微有所不同。在上一章中，我介绍了苏联心理学家列夫·维果茨基的研究成果，他认为，人类意识和认知的发展是以社会互动为基础的。这些理论在维果茨基脑中成型时，苏联正处于发展初期，他当时应该过着相当简朴的生活。这种物资紧缺的生活对维果茨基的理念有何种影响，我直到读博初期才认识到。当时，我有幸参加了在日内瓦举行的一次会议，而维果茨基的女儿也在受邀之列。会议的主办方专门留出了一个小房间，里面展示了由维果茨基的女儿提供的一些他生前使用过的物品，其中有一截金属笔套，当铅笔写到太短，无法用手指直接握住时，就可以套上这截金属笔套，然后就可以继续使用，直到将一整支铅笔都写完。当我看到这个笔套时，内心是十分震撼的。他的每一页手稿不仅两面都写满了字，而且行与行之间的空隙也挤满了字。我相信，资源如此匮乏的境况必然对维果茨基的思想和作品产生了一定的影响。这也可以解释，为何他会认为，我们使用语言的能力以及利用抽象思维进行思考的能力都基于我们早期使用工具的能力。他将语言视为抽象思维的工具，就如同铅笔是一种写作工具一样。通过语言，我们得以进行社会交流和互动；通过不断互动交流，我们得以发展我们的心理和思维工具，从而使我们个人的思想和认知也得到进一步发展。正是人类使用语言进行抽象思维的能力，将我们与更原始的动物区别开来。

到目前为止，维果茨基的经历听起来像是一个故事，带我们认识到人类是如何将自己和他人的经验累积内化成知识的。维果茨基的研究成果深受马克思主义哲学的影响，因此他的理论倾向于将知识转化为实践，将真理转化为实践的结果。然而，维果茨基区分了"个人通过亲身经历获得的知识"和"个人通过与其他学识更渊博的人的互动而获得的知识"之间的区别，后者超出了个人的直接经验。维果茨基将我们由亲身经历获得的知识称为"日常知识"，将我们未能亲身经历就获得的知识称为"科学知识"。这里的"科学"一词并非单指科学领域的知识，而是用来指代正式的和理论性的知识，所以科学知识指的是个人无法通过亲身经历而获得的所有知识，此类知识是培养我们算法思维的养分。

日常知识和科学知识都源于社会互动。正是人类人际互动的历史塑造了社会和社区，塑造了各个社会的集体知识和其中每个成员的知识。因此，知识和真理均存在于生活的形式之中。然而，科学概念是独立于日常生活背景的。此类概念具有系统性，是与日常生活没有关联的。科学与在意识和感觉中所反映出来的现实，与日常生活中所反映出来的现实是不同的。因此，科学知识和日常知识关系的本质是辩证的。将两者都纳入生活的形式之中其实是一个两者相互渗透、相互关联的过程。理论需要在实践中发展，所有事物的意义都是人们在公共社会领域中创造出来，然后通过学习的过程加以内化的。在这个学习过程中，学习者先熟悉所在社会的文化语言，然后通过不断累积自身经验来学习日常知识，最后进一步学习由文化实践所产生的理论知识。

知识存在于世界之中，而且和人们改变世界的种种行为息息相关。教育的核心就是获取和传播知识。然而，在如今的大多数教育体系中，我们认识和探讨知识的方式过于浅薄，这就意味着，个体和群体通过教育获取的知识并不足以应对如今瞬息万变的世界。这也解释了为何全球互联网的出现本应成为人类新启蒙运动的契机，却成了让人类逐渐变得愚蠢的催化剂。因为从本质上讲，网络使我们误将信息当作知识。毫无疑问，网络将海量有价值的信息和各种智能软件送达了世界各个角落，其覆盖面远远超过第一部《百科全书》。但是，我们却没有意识到网络只是一种工具，只有先学会如何进行合理操作，才能将其效用最大化。因而，我们没能迈向下一个启蒙运动和智能时代。

接下来，我将探讨如何对知识的构成有更深刻的理解，以此来修正这种局面。

个人认识论的影响

我经常会想，是什么导致我父亲持续阅读科普杂志而热情不减呢？我父亲是一个热衷于事实类信息而讨厌任何不确定性的人。在他看来，任何形式的论证都是无礼的，任何牵涉到情感的话题都最好不要讨论，这些只会影响他看清事实，而事实才最重要。他是一个善良的人、一位体贴的父亲，但他儿时的经历深深影响了他一生的生活方式。他在出生时就被遗弃，几年后，他母亲又将他寻了回去，然后整天对他实施近乎致命的虐待。他之所以能幸免于难，是因为在他出生被抛弃时，有一位负责产妇的护士一直坚持照顾他，后来在得知他遭受虐待后又再次将他从我那可怕的祖母手中救了出来。一个人在经历了那种童年之后，不再愿意讨论情感，一心只向往平静无波的生活也就无可厚非了。

除了热衷于阅读科普杂志之外，我父亲还喜欢修补物件。他经常花很长时间待在我们家旁边的车库里修修补补。在修补物件方面，他手艺精湛，并且有些修补的成品出人意料地具有创造性，但他修补的速度极慢。当我还小的时候，我总认为世界上没有他修不了的东西，直到成年，我还拥有类似的乐观心态。我特别记得有一次，我拿给父亲一个金属熨衣板，其中一只脚已经脱落了，我朋友见状十分惊讶地说，都坏成这样了，你父亲怎么能修好。我没法回答她，但我确信我父亲一定能修好。几个星期后，父亲将熨衣板还给我时证明了我是对的，他确实修好了。熨衣板换了一个有精美雕刻的新木脚，木脚非常完美地安插在之前断掉的金属腿中，并精心涂上了与金属相同的颜色，而且之前断掉的桌腿上的锯齿现在也已经磨平了。这个熨衣板我用了 20 多年，到后来完全没法修了，我都舍不得扔掉。

　　然而，令我至今仍想不通的是，我父亲在车库修修补补了许多年，在此期间也阅读了很多科普类信息，但他从未将这两者结合起来，也从未想要将自己在书本上所获得的信息运用到自己的知识体系构建过程中去。当涉及他所认为的知识时，他只想通过死记硬背来记住这些知识。他喜欢那些科普类书籍和百科全书所带来的权威的保证，因为这些书是由比他知识更渊博的人撰写的，他乐于不带疑问、毫无保留地信任这些权威人士所提供的信息。对他而言，此类信息的权威性足以让他觉得，只要他记住了这些信息，那就等于掌握了知识。然而，这充其量只能使他成为一名出色的智力问答团队成员，而非一位知识渊博的讨论者。直到他去世几年之后，我才意识到，我父亲沉迷于科普类杂志，正是他个人认识论非常不成熟的表现。

　　研究人员用了很多种方式来探讨我们对知识本质的理解，他们使用的术语通常反映了他们所持的特定理论立场。"认识的"（epistemic）和"认识论的"（epistemological）这两个术语通常可以互换使用，前者指代知识，后者指代知识理论。"认识论信念"（epistemological belief）一词关注的是人们对认识论所持有的信念，而"认识的认知"一词则是一个通用术语，指的是人们对知识本质的理解。认识的认知指我们对知识的认知，强调了我们对知识的思考某种程度的反映。"个人认识论"（Personal epistemology）这个术语是一个囊括万象的术语，指的是：关于知识的本质，每个人都有一套理论，即便很多人甚至都没意识到自己持有这套理论。**我们可以将个人认识论理解为：我们每个人理解知识的方式以及我们如何思考自己所获知识的方式。个人认识论有时也被称为我们刚说的对认识的认知。**在本书后续章节中，我所使用的这两个术语基本上都可以互换。

构建你的认知体系

在讨论知识和智能时，认识的认知是一个重要的主题，因为这个概念是我们对知识和理解的认知的核心。它对于我们理解智能也至关重要。哲学家和科学家就教育背景下知识的本质展开了大量深入的讨论，但没有达成一致意见，这是十分合乎情理的。不过，这类讨论涉及一些与本书相关的关键点。学生将知识的本质概念化时有哪些特点，如何评估某人是否具有渊博的学识，我们何以认为对知识本质的理解应成为教育体系中的一部分等，上述关键点与这类问题都有关联。

让学生认为一些客观现实就是知识，并以此作为深入理解更复杂的概念的基石，这样的教学方式是可以接受的吗？还是我们从一开始就应该坚持知识只是暂时的？

我教过本科生几年编程，这段教学经历教会了我，有时候必须要先掩盖所学之物的复杂性，以帮助学生掌握最初几个关键的理解线索，才能让他们顺着这些线索进一步理解更加复杂的概念。因此，我赞同迄今为止所形成的认识的认知的理论框架，也倾向于简化与知识本质相关的哲学问题。

接下来我将讨论到认知、元认知和动机，因为这些和认知相关的概念均会涉及我们对认识的认知所展开的讨论，这些概念对于我们思考和探讨知识和智能都是至关重要的。我们思考认识的认知的方式应该与我们思考认知、元认知和动机的方式不同，但这些方式应有关联。例如，如果我认为自己执行某项特定运算程序或者复述阅读和学习所学到的知识等的能力能够反映我的认知发展水平，那么极有可能，我会认为知识是由既定事实所构成的，不能随着解读方式和背景环境的变化而变化。同样地，如果我们将元认知视为我对自己特定运算能力的监控和调节能力，并且认为知识是一种客观真实的存在，那么我极有可能高估了我理解算术的程度。

在动机方面，卡萝尔·德韦克（Carole Dweck）及其同事经过几十年的研究，于 2006 年发表了相关著作，它为我们提供了宝贵的信息。虽然德韦克因其成长型思维模式而被人们所熟知，但我知道她却是因为几年之前偶然发现她在早期是致力于目标定向的研究的。从结果来看，如果一个学生在某段时间的目标是和同龄人比较成绩，另一个学生的目标不仅仅是成绩而是尽力掌握知识，那么，前一个学生对知识的本质的认识显然太简单了。

与认识的认知相关的研究涉及诸多领域，其中包括心理学、教育学和哲学。心理学家在这方面的研究也涉及多个学科领域，但在教育学领域，相关研究往往只侧重于科学教育。威廉·佩里（William Perry）在 20 世纪 50 年代中期与哈佛大学本科生一起开展了一项开创性研究，让我们认识到个人认识论的重要性。该研究指出，对于知识的本质，人们所采取的立场可以分为 9 种。这 9 种立场包含了幼稚的理解和深刻的理解，幼稚的理解认为权威人士或者权威机构所给出的信息即为知识，深刻的理解则认为知识属于自我构建的产物，与其所处的背景息息相关，并且需要以证据为基础。研究表明，大多数人所持的个人认识论都相当肤浅。我认为，在探讨对人类和机器而言何为智能这个复杂的话题时，肤浅的个人认识论会成为我们的绊脚石。

我有一位特别有能力的博士生学生凯特琳娜·阿弗拉米德斯（Katerina Avramides），她在 2009 年发表了一篇论文，探讨了在研究问题或者研究主题不甚明确时，技术非常有助于学生发展深刻的认识的认知。她的研究大大激发了我对个人认识论的兴趣。阿弗拉米德斯向我展示了深刻的个人认识论的重要性，因此她的研究成果也将成为本章讨论的重点。对于知识的本质及其发展，研究人员和哲学家所持意见不同。我撰写这本书的目的正在于，对智能做一个实际的阐述。本章涉及我们对这个世界所构建出的知识性理解，因为知识就是智能的关键要素。因此，我将此处的主题限制在对个人认识论的讨论上，即我们何以将某事物视为知识、个人认识论对我们理解世界产生了什么影响，以及我们如何进一步发展出更深刻的理解世界的方式。因此，我只讨论心理和教育领域的相关研究。

我们可以衡量一个人的认识的认知吗

人们对认识的认知所展开的研究在概念和方法上千差万别。玛琳·朔莫－艾金斯（Marlene Schommer-Aikins）于 2004 年提出了认识的认知所具有的多维框架，该框架模型如今在教育心理学中占主导地位。与早期的定性发展模型不同，该框架模型是定量的。该框架提供了一个五维模型，涵盖了我们对知识的本质所持有的信念、对获取知识的掌控以及获取知识的速度等。人们的认识的认知不仅在不同学科领域之间是不同的，在单个科目内也是如此。

然而，凯特琳娜一针见血地指出，虽然朔莫－艾金斯提出了人类思维的复杂性可以通过一系列维度来加以描述，并且每个维度还可以用量化的方式来表达，但她从未在理论上或实践上证明这个模型，因此这个模型的真伪还有待论证。还有一点就是，在衡量人们的认识的认知时，她是使用问卷来收集数据的，而以问卷的形式收集数据总会出现一个问题，那就是问卷本身就暗含了问卷设计者的意图，我们无法确定受访者是不是按照这种预设的意图来理解问题的。

举例来说，问卷中有以下陈述："想要考试拿高分，学习每个定义时就必须一字一句仔细推敲。"如果被试认为该表述是正确的，那朔莫－艾金斯就认为，该被试持有非常幼稚的个人认识论。然而实际情况却是，在一些考试中，只要你一字一句将需要掌握的定义背下来了，就能拿高分。因此，对于此类以问卷调查的方式来收集数据所得出的研究结论，我们真的应该谨慎对待。

个人认识论模型

或许，我们可以从认识的认知的早期发展模型中获得更多启发？这些模型因其定性的研究方法而饱受批评，但这不妨碍它们可能包含一些对我的研究目标有价值的内容。20 世纪五六十年代，威廉·佩里在哈佛大学展开了一系列基础性研究，研究表明，一部分学生认为知识具有相对性和不确定性，而另一部分学生则认为知识具有绝对性。佩里当时采用的是基于访谈的定性研究方法，后来许多研究人员也采用了这种方法来收集数据，因此这种定性研究方法也得到了进一步发展。佩里研究中的被试全都来自他的学生，均为男性，且均为哈佛学生，这导致其被试缺乏多样性，后来的研究人员纠正了这一点。

例如，巴克斯特·迈功达（Baxter Magolda）及其同事对年龄在 18 ～ 34 岁的成年人进行了一项为期 12 年的研究。她利用在此期间收集的数据构建了"认识论反思"模型（epistemological reflection），聚焦于人们基于自己的假设和所处情境，将自己的经验内化为认知的能力。她的模型阐述了一系列思维模式（pattern of thinking）的发展过程。这些思维模式具体包括：

1. **绝对认知**，认为知识是确定的，相信由权威人士或权威机构提供的一切信息；
2. **过渡认知**，认为一部分知识是不确定的，但另一部分知识是真实确定的；
3. **独立认知**，认为知识并非绝对的真理，自己的观点同样真实有效；
4. **情境认知**，认为知识是依赖于所属情境的，在特定情境下得出任何关于知识的结论之前，都必须事先评估不同的观点。

迈功达随后在她所收集的数据中发现了大量的性别差异，因此于 2004 年又对该框架进行了一些修改。她在前 3 类认知模式中，分别细分出两个子类别。例如，她将绝对认知模式划分为"接受型"（received）和"掌握型"（mastery）。接受型绝对认知模式主要适用于女性，特点是她们主要通过记录自己听到或阅读到的内容的方式来获取知识。掌握型绝对认知模式则主要适用于男性，特点是他们主要通过记住自己听到或阅读到的内容的方式来获取知识。

随着我们智能的不断发展，我们在认识的认知方面也经历了不同的发展阶段，多年来，研究人员建立了各种模型对其进行描述。迈功达在她所提出的思维模型中所用到的术语是：绝对认知、过渡认知、独立认知和情境认知。不同的模型所区分的阶段各有不同，所使用的术语也不尽相同，但所有这些模型均描述了我们认知的成长轨迹，即从早期认为知识是由权威人士或权威机构所提供的绝对信息，到后来将知识视为某种不确定的存在，需要不断更新，具有暂时性，需要不断求证并考虑情境因素。

例如，贝伦基（Belenky）提出了一个关于认知的五阶段模型："沉默"（silence）、"接受性认知"（received knowing）、"主观性认知"（subjectivism, ）、"程序性认知"（procedural knowing）和"建构性认知"（constructed knowing）。金（King）和基齐纳（Kitchener）于 2002 年提出了一个相当复杂的认知模型，该模型认为认知的发展包括 3 种不同水平和 7 个不同阶段："反思前思维"（pre-reflective thinking），包括阶段 1、阶段 2 和阶段 3；"准反思思维"（quasi-reflective thinking），包括阶段 4 和阶段 5；"反思思维"（reflective thinking），包括阶段 6 和阶段 7。迪安娜·库恩（Deanna Kuhn）于 2001 年发表的研究成果则将重点主要放在论证上，她提出了从对待知识的态度上可以将人们分为 3 种类型："绝对主义者"（absolutists）、"多元主义者"（multiplists）和"评价主义者"（evaluativists）。在库恩所构建的框架中，个体的认知发展就是个体如何理解其看待知识时所持的主观和客观态度之间的关系。当处于现实主义者或绝对主义者的层面时，我们以十分客观的态度看待知识；当处于多元主义者层面时，我们会以主观的方式看待知识；而当处于评价主义者层面时，对于知识，我们的客观态度和主观态度之间就趋于平衡和协调。库恩和温斯托克（Weinstock）进行的后续研究进一步改善和细化了这个框架模型，但本质没有太大差别。

与大多数心理学研究不同，霍弗和宾特里奇于 1997 年和 2002 年所提出的"知识和认知"模型并没有试图衡量认识的认知。他们的模型分为 4 个维度和 2 个一般区域。他们的区域 1 涉及知识的本质，该区域包括一个人知识的确定性和简单性两个维度。如果个体在确定性维度上层次较低的话，就代表该个体十分确定地认为绝对真理是存在的；如果个体在确定性维度上层次较高的话，则代表该个体认为知识具有暂时性并处于不断发展的状态。如果个体在简单性维度上层次较低的话，则代表该个体将知识视为既定的事实；如果个体在简单性维度上层次较高的话，则代表该个体认为知识具有相对性，需要考虑具体情境。

知识和认知模型的区域 2 关于认知的本质，该区域同样包含两个维度：个体知识的来源和个体认为自己知道某事的理由。如果个体在知识的来源维度上层次较低的话，就代表该个体将外部权威所提供的信息视为知识；如果个体在知识的来源维度上层次较高的话，则代表该个体将自己视为知识的可靠来源，他们会通过自己与周遭世界的互动来发展他们构建知识的能力。如果个体在理由维度上层次较低的话，就代表该个体不需要额外的证据就会直接接受他人的意见；如果个体在理由维度上层次较高的话，则代表该个体在求知过程中需要证据来证实自己所接收到的信息，并且知道如何评估证据的有效性。霍弗和宾特里奇认为这些维度是并行发展的，个体都拥有一个在具体情境之中比较稳定的个人认识论，从而能够对认知展开讨论。

上述这个认识的认知理论虽然很有用，但仍然让人感觉过于简单、有所欠缺。该理论认为，个人的认识论可以简单地从几个方面来探讨，它将人们对知识的态度描述为：对于知识本身，个体或是认为知识具有确定性和简单性，或是认为知识具有发展性和情境性；对于求证知识，个体或是认为知识无须求证，只需毫无疑问地相信权威，或是认为知识需要经过大量脑力劳动来自行构建，需要通过证据加以证实。

这些与认识的认知相关的研究，如何能帮助我们进一步理解智能呢？我相信，前面我们讨论的所有模型都是以证据为基础的，并且研究人员在建模时采用了大量数据。但是，我仍然感到不满意。所有模型都表明，随着我们成熟度的提高，我们对知识的思考方式也会经历一系列转变。这些模型都以一个假设为前提，即认为我们的认识的认知是连贯的，并且在不同的情境中能够保持一致。因此，研究人员才能通过这些模型将人们分类到一个特定阶段。然而，实际情况却是，很少有人能在各种情境中保持认知一致。对于一个特定的知识主张，它是否简单，是确定的还是不确定的，在不同情境中我们可能会持截然不同的观点。大量证据表明，我们的认识的认知并非总能保持一致。

在第 5 章中，我将使用复杂的个人认识论的概念，来探讨如何更好地在今后发展我们的教育体系。因此，我需要一个更好的方式来探讨认识的认知，以此来完成我接下来的目标。到目前为止，上文中所讨论的模型或框架都不甚合适。

越来越多的研究人员与我不谋而合，同样对我在上文中所讨论的个人认识论模型和框架感到不满。此类证据可归纳如下：

- 同一个人在不同学科领域中的认识的认知并不相同，也不连贯。我们知道，虽然我们希望将自己视为复杂且理性的人，但我们根本做不到。我们经常持有两种截然相反的信念，而且认识的认知根本不可能时刻保持一致。如果要将人类与生俱来的不稳定性考虑在内，我们就需要采用一个更加复杂的方式，才能对认识的认知进行理论建模。

- 人们的认识的认知因情境而异。这个道理很简单，因为任何一个关于知识的本质的观点都不能适用于所有情境。

- 一系列理论中假定的维度都难以用证据加以证明。

我探索认识的认知的模型或者框架，但没有得到一个现成的解决方案。因此，在接下来探讨认识的认知以及以此为基础来进一步探讨智能时，我将不得不通过使用令人信服的证据来自行铺路。

我知道，对本书的内容来说，知识和认识论这两点都极为重要。比如说，我需要以一种合适的方式来探讨知识和认识论，并以此为基础来认识当今的科技。就获取信息的方式而言，我童年时代可比现在简单多了。我们当年可以获取信息的方式无非来自其他比我们知识渊博的人、从图书馆借阅或自己购买的出版物，以及随着年龄增长看得更多的电视。当年，蒂姆·伯纳斯－李（Tim Berners-Lee）还只是一名少年，而他后来发明的万维网当时可能在他脑中连雏形都没有。我们原本就很容易混淆信息和知识之间的关系，如今有了万维网，海量信息唾手可得，这种混淆不清的状态越发明显，就像我在 2012 年看到的大英图书馆门口竖立的那块标识那样。**技术在发展，但我们对什么是知识的理解以及对何为掌握知识的理解并没有与之同步发展。这使我们陷入一个危险的错觉，即认为自己知道很多，但实际上并非如此。**因为如果我们将信息和知识混为一谈，只要我们获得的信息越多，就越会觉得自己掌握了大量知识。

当我第一次看到大英图书馆门口竖立的标识时，我就心生忧虑，担心我们会将信息等同于知识，这可能会导致人类变笨。我担心，如果我们没能帮助人们理解知识是什么及其与信息有何不同，那么人类对知识的思考方式就难以取得进一步发展，就依然只能按照像我儿时那样通过阅读书本和杂志来思考知识，虽然这种方式无可厚非，但其效果极其有限。随着技术的发展，日常生活中人工智能系统大量涌现，这加重了我的担忧。我们通过人工智能在计算机上的许多实际应用与其交互，它有视觉功能，能进行学习，能解决问题，能制订计划，还能理解和创造人类使用的口头语言和书面语言。这些人工智能应用程序现在常用于医疗诊断、语言翻译、人脸识别、自动驾驶汽车设计和机器人等领域。2012 年 1 月那天，站在大英图书馆外面时，我担心着，这个信息最丰富的时代可能恰恰是我们知识最贫乏的时代。直到如今，我的担心也未曾减轻半分。我认为，我们不仅需要理解清楚知识究竟是什么，而且需要聚焦于更复杂的个人认识论。

本章小结

我在这一章中探讨了人类智能的两个要素：知识，我们和知识的关系。我所探讨的重点不在于智能运作的复杂性，而在于以一种新的方式来识别和评价智能的挑战，这种方式将有助于避免我们将人类智能的价值降低到目前人工智能技术能够达到的水平。

我在上述讨论中指出，虽然获取知识和传播知识是教育的核心，但现如今，大部分人思考和讨论知识的方式，哪怕在教育体系中都相当贫乏，这就意味着，人们建立的内部知识体系已经无法满足当今时代的需求。我们经常将知识和信息混为一谈。大多数人的个人认识论都相当简单肤浅。当我们试图理解对人类和机器而言何为智能以及智能的复杂性时，肤浅的个人认识论将成为我们展开深入理解的绊脚石，并将使我们处于劣势。我们之中大多数人不仅个人认识论肤浅，而且在自己的信念、知识，以及对自己如何获取知识和拥有哪些知识这些方面，大多数人都缺乏一致性和连贯性。然而，我们有能力去构建一个具有复杂性和连贯性的认知和知识体系。如果我们想让人类智能独一无二，那就应该努力构建复杂的认识的认知，因为它是人工智能永远无法获得的。

通过本章的阐述，我解释了为什么我们不仅要对自己周围的世界构建一个广泛深入的理解，而且应该充分理解什么才是知识、知识有多大的确定性、知识在多大程度上取决于其所在的情境，以及我们又是如何对知识持有不一致的态度和不同观点的。我的结论是，对于任何现有的认识的认知模型，我都无法简单地将其整合到我思考和探讨智能的方式中去，当然，现有的丰富研究成果给了我很多启发和影响，使我受益匪浅。

在下一章中，我将进一步阐述人类智能。我将把重点放在元智能上，因为它是我们构建自我认知的基础。我们能够从自己的能力、情感、经验、知识、技能以及个人情境中发展出复杂的知识和理解，正是这种能力将人类智能与人工智能区分开来。因此，这些能力都非常重要。

给学习者的启示	1. 在如今的大多数教育体系中，我们认识和探讨知识的方式过于浅薄，这就意味着，个体和群体通过教育获取的知识并不足以应对如今瞬息万变的世界。 2. 在探讨对人类和机器而言何为智能这个复杂的话题时，肤浅的个人认识论会成为我们的绊脚石。

MACHINE LEARNING
AND HUMAN
INTELLIGENCE
THE FUTURE OF
EDUCATION FOR
THE 21ST CENTURY

03
人类的元智能，
提升学习成果与认知表现

在上一章中，我们探讨了现有的各种个人认识论模型，这些模型都是建立在扎实的研究基础之上的，但没有任何一个模型能够解释为何我们的认识的认知缺乏连贯性和复杂性。那么，对于认识的认知和知识的认知，我们究竟如何才能进一步发展出复杂性呢？

在本章中，我将探讨元智能的概念，并以此为基础，更有效地展开对人类智能的探讨。元智能，即我们所拥有的关于自己的智能。我确信，我们对于自己的认知不仅是我们智能的基础，也是我们不断发展对世界认识的复杂性的基础，还是我们思考究竟何为知识以及如何获取知识的基础。

虽然对世界知识的理解是人类智能的一个重要方面，但人类智能绝不限于此，人类还能够发展出对自己的知识和思维的认识、对自己的感受的认识，以及对自己所处的情境的认识。这种自我认识已经超出了认知的范畴，到了"元思维"（meta-level thinking）的高度，但我们还是从认知开始探讨。

认知与智能不能混为一谈

简单来讲，认知就是我们获得知识、理解世界的思维过程。该思维过程包括经验思维和算法思维。在认知过程中，我们的注意力、记忆力、解决问题的能力和评估能力均需要参与其中。

我们在与世界互动时会不断构建对世界的认识和理解，从中不断增强我们构建知识的能力，这个过程就是我们认知发展的过程。我们不仅常常把认知与智能混为一谈，而且会将大多数人工智能系统能解决的问题视为其认知的结果。我们需要将目光放到认知层面以外，才能更清楚地认识到，人类不仅能够发展出对世界的认识和理解，而且能够发展出对自己以及自己认知的认识和理解。

元认知

我们认识并调节自己的认知的能力一直以来都是人类讨论的话题之一，至少可以追溯到亚里士多德时代。亚里士多德十分关注人类对自己思维能力的认知。这种对我们与自己心理过程之间关系的探究，现在通常被称为"元认知"，它已经发展成为一个重要的研究领域。无数实证研究表明，元认知能力是世界上诸多成功人士取得成功的关键能力之一。然而，在大多数教育体系的评估测验中，我们很少对自己思维过程的认知能力和调节能力进行测评。

在前面章节中，我探讨了苏联心理学家列夫·维果茨基的研究成果，其中我几乎没有谈到人们在多大程度上意识到了自己的心理功能。在维果茨基开展研究的那个年代，还没有出现元认知一词，虽然皮亚杰（Jean Piaget）和维果茨基的观点多有不同，但他们在这一点上都一致认为，人类是能够感知并认识自己的心理功能的。皮亚杰探讨了儿童是如何思考和构建自己对世界的看法的。他认为，儿童在构建认知时需要经历几个阶段，而且他们需要通过实际动手来帮助他们理解事物是如何运作的。皮亚杰和维果茨基都认为，大多数人，尤其是年轻人和儿童，缺乏对自己心理功能的认识。甚至在 20 世纪初期，这些著名的心理学家之间就达成了一致意见，认为人类需要发展对自身心理功能的认知能力，以便进一步拓宽我们智能的复杂性。

直到 20 世纪 70 年代，元认知一词才由约翰·弗拉维尔（John Flavell）于 1979 年率先提出。皮纳·塔里科内（Pina Tarricone）在 2011 年出版的书中对这一概念进行了完善，归纳总结了这一概念的复杂性。塔里科内就元认知这一概念对相关心理学文献进行了非常详尽的调查，随后归纳出一套极为合理的分类系统。这个分类系统的表格版本中有 7 个表格，大约占了她著作的 20 页。尽管元认知的内涵相当广泛，但广义上，我们可以将它定义为：我们在自身认知过程方面的知识和控制。

塔里科内对弗拉维尔这些早期研究人员的研究成果持肯定态度，并进一步区分了我们对认知过程的知识与我们用以监控和调节认知过程的知识。后者包括计划、心理资源分配、监控、检查、错误检测和纠正等执行功能。她区分了我们的以下认知：

1. 对我们所掌握的知识的认知，她将其描述为"**陈述性元认知知识**"（declarative metacognitive knowledge）；
2. 对获取知识的方式的认知，可以称为我们的"**程序性元认知知识**"（procedural metacognitive knowledge）；

3. 对获取知识的时间、地点和原因的认知，可以称为我们的**"条件性元认知知识"**（conditional metacognitive knowledge）。

当涉及对我们知识和执行功能的调节能力时，塔里科内做了两种能力的区分：第一，我们解决任务时和在解决任务过程中采用各种策略时所用到的监控知识的能力；第二，我们的元认知体验，其中包括我们关于自身感受、判断合理性等的知识。

大约在塔里科内在澳大利亚撰写其研究论文的同时，我正与同事在萨塞克斯大学（University of Sussex）展开一个更小型的项目，试图为元认知、动机和情绪构建一个概念框架。这个项目由本·迪布莱（Ben du Boulay）带队，其目的在于为适应性教育技术的设计和使用提供信息，或者用我们的话来说就是，让此类技术系统更加人性化。塔里科内和萨塞克斯大学的团队引用了许多相同的研究，但由于我们分处地球的两侧，所属的学科领域也有所不同，因此当时我们并没有意识到彼此工作上有诸多相似之处。我们几乎在同一时间发表了各自的研究成果，但在不同的会议和期刊上。因此，我们几乎都未曾意识到彼此研究成果的相似性。

我们在萨塞克斯大学构建的框架并未使用分类法，而且我们使用的术语与塔里科内的也不尽相同，但我们与塔里科内的研究在很大范围上有重叠的地方。与塔里科内的分类系统相比，我们所构建的框架针对元认知的部分只是很小一部分。然而，塔里科内整理的元认知概念中所涵盖的绝大部分内容，我们框架的其他部分中同样有所涵盖。我们将元认知视为我们表达和调节自己心理过程的能力，我们通过这种心理过程来构建知识、理解和各种技能。对于个体学习时的物理、社会和时间场合，我们用相应的情境和元情境

（metacontext）加以描述，同时也确认了个体对理解和调节该情境的能力。我们还对动机和元动机（metamotivation）、情绪和元情绪（meta-affect）等概念下了定义。我们用动机来描述个体的学习动力、他们对学习原因的理解，以及他们希望达成的目标。我们用元动机来描述个体表达和调节该动机的能力。我们用情绪和元情绪来描述个体在学习方面的情感以及个体表达和调节此类情感的能力。最后，我们还增设了一个类别，即个体的生理认知和元生理认知（metaphysiological cognition），我们以此来描述个体与学习相关的生理体验。例如，心率与面部表情之间存在关联，并且我们能够在一定程度上表达和调节此类生理过程。

塔里科内极为详细的分类系统和我们所构建的相对更加简明的框架之间的区别主要在于，我们的框架中涵盖了情境和生理学的内容。塔里科内的分类系统中涉及情境，例如任务情境和策略情境，但此类涉及情境的部分都属于细节，塔里科内并未将情境单列出来，而我们则认为应该将其单列出来。另外，塔里科内的分类系统中并未涉及生理学。并且，我们在我们的框架中没有特别指出判断能力，但塔里科内则在她的分类系统中特别指出了这一项。我们之所以不这么做，并非因为我们认为判断能力不重要，而是因为我们认为它超出了我们的框架所涉及的范围和目的。然而，经过反思，我认为我们之前在这点上可能犯了一个错误。我认为，当初在构建框架时，确实应该纳入与判断和认识的认知相关的内容。我稍后将详细讨论这一点，因为我已经认识到，我们需要同时发展与认识的认知和元认知相关的知识和技能，只有这样，我们的自我效能感才能得到发展。在当今这个人工智能系统不断渗透的世界里，我们需要不断发展自我效能感，才能成为一个终身学习者。我已经认识到，我们必须对何为知识、如何对知识做出判断以及我们与知识之间的关系有非常清晰明确的认识，我们同样必须清楚地认识到我们的思维方式和调节思维的能力也是一种知识。

复杂的元认知对智能发展以及我们的学业表现和其他表现而言都是至关重要的。例如，拥有良好自我调节能力的人更有可能发挥出自己的潜力并取得成就。有充分的证据表明，自我调节能力有助于学习和获得成就，自我调节能力与学业成就之间存在着正向关系。我们还认识到，自我调节能力的培养和发展与先前取得的成就无关。

通过适当的教学和支持，就可以发展和提高元认知的知识和技能。如果有适当的指导、创造支持性和挑战性学习环境，就可以提高自我调节能力。儿童时代早期对于打下自我调节能力的基础很重要，例如培养注意力、意志力和工作记忆等。然后，在儿童时代晚期和青春期就可以对自我调节能力进行进一步培养，使个体对该技能变得更加熟练，并且在解决复杂问题时更有导向性。

对老年学习者来说，培养自我调节能力的关键在于制订和使用恰当的学习策略。我们应鼓励年龄较大的学习者制订、修改和反思自己的学习方法，从而获得更加深入的理解，并能够更好地将理解和目标联系起来。要想有效学习，就必须在技能、态度和过程之间建立起紧密的联系，而自我调节能力正为建立这种联系提供了一个组织框架。

许多学者探讨了元认知与我们的智能表现之间的关系。例如，布鲁纳在1996年的著作中指出，我们的元认知意识可以增强我们的注意力、解决问题的能力和智能等。马尔扎诺（Marzano）等学者于1998年证明了，我们在教育体系里使用的衡量标准中，元认知技能和能力有助于学业表现。古斯（Goos）和她的同事们在 2002 年也证明了，成功的学生会不断评估、规划和调整他们的学业表现，从而进一步学习并发展更深层次的心理过程。我们还认识到，元认知的发展与认知表现的增强有关。

正如我们所见，元认知涉及我们如何解释正在进行的心理活动，这些解释是以我们与世界的互动为基础的。然而，元认知会基于此类解释与我们自身的相互影响，并利用大量情境化的线索，进一步解释正在发生的行为以及我们做出判断的方式。然而，正如科内尔（Kornell）所说，元认知并非"从内部观察个体的记忆并以某种方式直接加以分析"。如果认为元认知就是个体的反思，那就无法理解我们元认知过程的复杂性。

我们的元认知并非不会出任何差错，有大量证据表明，即便是那些元认知技能和能力都很强的人，也会从他们的经历中获得错误的推论。例如，沃尔夫（Wolfe）和威廉斯（Williams）在 2017 年发表的一篇论文中指出，人们对于某些事物的知识和信念会随着他们与周围世界的互动而发生变化，但人们很少能意识到这种变化。这项研究的前提是，当我们获得与某些信念相关的新证据时，我们会改变自己先前的信念。而沃尔夫和威廉斯的研究正是为了探讨人们能够在多大程度上意识到这一点。他们当时的研究对象是心理学本科生。在两组实验中，作为被试的学生就"打屁股是不是教育儿童的有效方式"提交了各自的看法。这群学生被分成两组，一组学生阅读和"打屁股有效"相关的文本，另一组学生阅读和"打屁股无效"相关的文本。一组学生所阅读的文本中的证据与他们之前所持观点一致，而另一组学生所阅读的文本中的证据则与他们之前所持观点相反。阅读完毕后，研究人员再次询问学生们的观点。相较于阅读的文本中的证据与他们之前所持观点相同的学生，阅读的文本中的证据与他们之前所持观点相反的学生更有可能改变他们的观点。这些研究的结果表明，当学生阅读到与他们最初的观点不一致的新证据时，他们更多地会选择改变自己先前的观点。这个结论似乎并不出人意料，但真正有趣的发现是，学生们在多大程度上意识到了自己观点的转变。研究人员除了在阅读文本后询问学生们的观点之外，还要求学生们回忆他们在阅读文本之前所持的观点。很多学生倾向于认为他们现如今所持的观点，即阅读之后的观点就是他们最初的观点。也就是说，这些学生在试图回忆他们最初的观点时，和他们当时的实际情况出现了很大的偏差。但没有证据表明，学生在接受新的证据时所进行的认知处理过程会对其回忆初始观念产生任何影响。

总而言之，如果新接受的证据与之前所持观点不同，这些学生的观点会发生变化，并且当他们回忆最初的观点时，会认为最初的观点和现持观点趋于一致。这种观念变化的方向和程度，与这些学生回忆他们最初观念的准确性有关。我怀疑，在该研究陈述的现象中，还有一个非常关键的因素在发挥作用，那就是肤浅的认识的认知。正如我们所见，认识的认知是非常重要的基础。不过，我们暂且把这个怀疑放在一边，仅仅上述研究的结果就非常令人担忧。最近有报道称，社交媒体影响了人们对美国和英国选举候选人的意见，而上述研究结果与这种说法不谋而合。

在沃尔夫和威廉斯的研究实验中，学生们根据新获得的科学证据改变了他们的观念，这并不奇怪，毕竟我们本就预料会这样。不可否认，我们也希望学生能够做到更加严谨，去质疑他们接收的证据的可靠性，并进一步确认该证据与之前形成他们最初观点的证据之间的关系。观念的改变本身并不令人担忧，但这项研究证明，人们在接受新的科学证据之后会让之前的记忆产生很大的偏差，这才是真正令人担忧的地方，而这个研究结果中最令人担忧的一点是，参与实验的学生并未意识到他们的观念已悄然发生变化。

沃尔夫和威廉斯称，我们对自己所持观念是否发生变化以及如何发生变化的认知是一种元认知功能。他们认为，回忆我们之前的观念是一项非常困难的任务，比通过阅读一些科学证据来判断某个观念的对错更困难。如果在我们接受了一段时间相反的新证据之后，再让我们回忆之前的观念，就需要重建我们得出之前结果的心理过程。这个重建过程对我们来说是一个陌生的过程，然而，我们却非常擅长事后合理化，善于自圆其说式地给自己编造一个关于自己之前就持有和现在类似想法和观点的故事。由于我们之前的观念可能也是在很长一段时间内经历了多种体验、获得了各种不同来源的证据后形成的，这就让整个情况变得更加复杂。换句话说，我们的观念是极具情境化的，不是我们长期记忆中稳定的组成部分。因此，对于观念的记忆经常是错的。另外，我们可能更愿意相信自己能够始终保持观念一致，毕竟算法思维会发挥作用。因此，我们倾向于相信，我们最初的观念与现在持有的观念非常一致，若非如此，那就是在挑战我们观念的稳定性了。

对于人们在接受新的证据后，态度会在何种程度上发生变化，以及他们在何种程度上能够意识到这种变化，相关研究都获得了相似的发现。那么，对于我们这些公开参与科学讨论的人，应该对此类发现做何反应呢？如果我们让人们意识到他们观念的不稳定性，意识到他们的观念会以一种他们无法察觉的方式改变的话，他们是否就将不太愿意阅读任何与他们现持观念不一致的材料了呢？如果人们确实愿意敞开心扉接受相左观念、阅读新证据的话，我们的提醒会让他们更加警惕，从而控制这些证据改变其原有观念的程度吗？我认为，后面一种情况是值得采纳的健康态度，并且这也是一种与更复杂的认识的认知相关的态度。这清楚地表明，发展复杂的个人认识论对于人类智能至关重要。

我希望上面对于元认知的阐述已经让你对元认知的复杂性有了一定程度的了解。我们的元认知策略并不是自然而然地准确应用在所有学科领域、所有环境之中的，也不是与我们的同伴和导师一起应用的心理过程。元认知确实很关键，但它需要我们去学习、发展，也需要鼓励和支持。我们将在第5章中深入探讨这个主题。

元情绪

有些图书馆在心理科学区域摆满了关于人类情绪相关的书籍。出于本书的目的，对情绪的讨论，我将仅限于与我们对学习的感受和学习动机相关的问题。我认为，这些情绪是人类智能最基础的部分之一。

有大量证据证明了我们对学习方式的感受的重要性。这些证据来自社会科学和心理学领域，如今又有了来自神经科学领域的证据。作为研究人员，当我们谈论我们的感受时，会使用各种术语。对我而言，我最喜欢用来表述一个人情绪状态的词是"情感状态"（affective state）。在本书中，我所使用的术语"情感"（affect）和"情绪"（emotion）可以互换。正如你所预料的那样，关于我们的情绪怎样影响我们是否、何时以及如何学习等，有数不清的理论。例如，欧托尼（Ortony）和他的同事于 1988 年提出了一种学习理论，该理论在科研人员中颇受欢迎。欧托尼的团队以纯认知的方式看待情绪，将情绪视为由个体的目标和态度所决定的人体机能。当然，该理论做了一个假设，即实现目标对我们来说很重要，实际上，这种假设过于简单化了。同样，在拉扎勒斯（Lazarus）于 1991 年发表的论文中，也将个体的情绪与个体的目标联系起来。他还发现，个体的情绪会对其应变能力产生影响，并且会影响我们对特定活动为我们身体带来的好处的感知。然而，对我来说，这些结论都太过肤浅，我们与学习相关的情绪远比我们的目标和态度所能解释的更复杂。

2007—2009 年，玛德琳·巴拉姆（Madeline Balaam）在萨塞克斯大学攻读博士学位。她在 2009 年发表的研究成果中，展示了一组学生对待学习的情绪所具有的情境特征。对于语言学习课堂如何影响青少年学生的情绪体验、情绪对每个特定学习任务的影响，以及学习环境对学习者情绪的影响，巴拉姆都很感兴趣。

在确定参与实验的青少年学生的情绪状态时，巴拉姆使用了一种有趣的方法：她给每位学生都分发了一个小杂耍球，这些球内置了无线设备，可以通过外部的挤压来改变球的颜色。每位学生自行决定何种情绪对应何种颜色，然后当他们在任一特定时刻体验到某种情绪时，就挤压杂耍球使其变成代表他们对应情绪的颜色。因为每个学生都是自行决定颜色和情绪之间的映射的，所以观察学生通过挤压球来选择特定颜色的人，并不知道该颜色对于该学生到底意味着何种情绪。然而，学生们手中的彩球会通过内置无线接收器和一些简易的程序代码，将收集到的情绪数据全部发送到老师的平板电脑和巴拉姆的硬盘上。这些数据表明，每个学生的情绪以及在一段时间内情绪的变化具有一致性。巴拉姆还要求参与实验的学生记录他们每天的感受。她的研究表明，不论是学校整体环境，还是完成某项学习任务时所处的具体课堂环境，都会对每名学生的学习情绪产生强烈的影响。

多数探讨我们的情绪与学习之间关系的研究都将重点放在了动机上。我们的行为受情绪影响，其中动机是一种尤为特殊的情况，实际上，我们的行为也会反过来影响我们的动机。在此，我所关注的重点是，情绪以何种方式推动我们的学习行为，从而促使我们通过学习获得更多的知识和对世界的理解。

当我们讨论动机时，我们究竟指的是什么？我们是指一些影响我们以特定方式行事的生理过程，还是仅仅指我们做某事的原因？我们是想以某种量化的方式衡量动机的强度或程度，还是仅仅想描述影响我们完成某些特定行为的因素？针对这两个问题，下列理论可以帮我们做出回答。

在 21 世纪初，宾特里奇开展了一项大型研究项目，试图整合关于学习动机的所有研究。在此过程中他发现，在他探索的所有理论中存在着 3 个核心要素。

首先，宾特里奇定义了动机的"预期成分"（expectancy component），即我们所持的对于完成某项学习行为的能力的看法。预期成分可以大致划分为两个部分：其一，对于我们能够多大程度上控制某项学习行为的结果及环境的看法；其二，我们想要完成拟定的学习任务时，对自己的效率所持有的看法。

其次，宾特里奇提出了动机的"价值成分"（value component），即展开某项学习行为之前，我们对该行为所具有的价值的看法。这一点反映出，我们判断某项学习行为是否重要，不仅受到我们个人对该学习行为的兴趣的影响，而且受到我们如何看待其未来效用的影响。

最后，宾特里奇提出了"情感成分"（affective component），即我们针对是否展开某项学习行为所持有的情绪或情感体验。这一点尤为复杂，因为处于积极的学习状态，并不一定会促使我们完成特定学习行为。

宾特里奇所提出的动机的三大成分之间是相互关联的，因此，我们所产生的对某项学习行为的动力将受到我们积极或消极情绪的影响，而我们对学习表现的预期、对于该学习行为所带来的价值的判断，则会削弱这种情绪的影响。试想一下，我对解方程感到焦虑，因为我不相信我有能力完成此类任务，然而，我之所以提笔的唯一原因就是向其他人证明我并不落后于同龄人。我的情绪是消极的。如果有人告诉我，这项任务的失败反而是积极的，因为这样我就知道了自己的薄弱环节，增加了自己的理解，假如他试图以这种方式让我不要感到那么焦虑，从而增加我的学习动机的话，那显然是不够的。这种策略不一定会增加我学习的动机，因为我所感兴趣的只是我的学习表现是否落后于同龄人，而非是否实际理解了这些方程式。

我们认为我们可以在多大程度上控制某个行为的结果以及该行为对我们而言是否具有一定价值，都将显著影响我们对该行为的看法。佩克伦（Pekrun）及其同事于 2002 年提出的"认知动机模型"（cognitive-motivational model）正是以控制价值（control value）作为核心的。佩克伦的模型描述了我们的情绪是如何影响自己的认知、策略以及我们完成某行为的动机的。我们的每种情绪都可以是积极的或消极的，并且每种情绪都可以是增强性的或者削弱性的。因此，并不是单有积极情绪就能使我们增加或者减少动机，积极的并且是增强性的情绪才能有效增加动机。

虽然不同研究人员针对相关概念进行的分类有所不同，但一般来说，宾特里奇所提出的价值成分中，以目标为导向的部分通常被划分为两种导向：其一，以提高能力为导向，即以掌握为导向；其二，以提高与他人对比的表现为导向，即以表现为导向。以学业表现为导向又细分出两种学习方式：一种旨在实现优秀的学业表现，另一种旨在避免差的学业表现。前者通常会导致优异的学习成绩，而后者通常会导致较差的学习成绩。**有趣的是，我们的目标导向同样影响了我们的社会态度。以掌握为导向的学习者更有可能在与同伴的合作互动中给予支持，并更有可能参与到"创造性冒险"任务中。**

我们在任务中所采取的导向性的程度并不是固定的，而是会受到具体情境和倾向性的影响。2008 年，阿曼达·哈里斯（Amanda Harris）开展了一项极具意义的研究，该研究探讨了对于一项任务的描述会在多大程度上影响接受任务的儿童的目标导向性。一组儿童被告知，他们的任务目标是制订最佳策略。研究人员告诉他们，犯错了也没有关系，因为试错会帮助他们制订最佳策略，该说明旨在让他们以掌握实际能力为目标。另一组儿童则被告知，任务的目标是成功完成的任务越多越好，而且每项成功完成的任务都会获得积分，该说明旨在让他们以任务表现为目标。在实验之前，研究人员对所有儿童都进行了评估，以确保他们在以掌握为导向还是以表现为导向上没有强烈的倾向性。研究结果表明，以掌握实际能力为目标的一组儿童明显以大量的讨论的方式来解决问题，而另一组以任务表现为目标的儿童则表现出较低水平的元认知控制。

这个实验告诉我们，动机与元认知之间存在密切的联系，两者的关系密不可分，相互作用，并且两者与自我效能感的概念也密切相关。

元情境意识

当我在构思如何才能构建一个将情境纳入其中的框架，然后将此框架应用到学习的支持型技术的开发、使用和分析中去时，具身性的重要性逐渐变得显而易见。我查阅了大量来自不同领域的书籍、文章，甚至涉及建筑学和地理学等，并试图站在这些不同学科的研究人员的角度去理解情境，从而帮我解释在本书中情境究竟意味着什么。

对城市环境和建筑环境的研究大量探讨了空间、地点及其与我们的情绪的联系。现实环境既可以让我们精神愉悦，也可以让我们烦恼不安。我们不断在自己的情感与对世界的身体体验、主观经验之间建立联系。技术使得日常空间变得更加活跃，使它们能够进行新形式的互动。除此之外，网络技术与日常物品之间的不断融合以及由此带来的数据激增，已经产生了环境的数字表现和物理表现，这些表现形式越来越多地融合到曼诺威克（Manovich）所描述的"现象学格式塔"（phenomenological gestalt）中。

情境和学习之间的关系由来已久，也存在着诸多分歧。有大量的研究试图向我们证明，认知和学习从根本上来说是处于世界范围内的。也有大量科学家持相反意见，他们认为认知所处的范围很难界定，因此学习也一样。然而，无论我们是极力赞同认知和学习来源于世界，还是更偏向于认同与之相反的观点，我们都很难否认，我们在世界中的体验对我们构建知识和理解的方式起着非常重要的作用。

我对情境和学习的研究很大程度上受到保罗·多罗希（Paul Dourish）从人机交互（HCI）的角度所做的相关研究的影响。多罗希认为，对于那些想要设计出优质交互界面、使其符合良好人机交互原则的设计师，无处不在的计算技术无疑给他们带来了巨大的挑战。他将具身交互视为技术的使用方式所具有的特征，而非技术本身所具有的特征。他认为，具身交互是意向性的来源，而非其目的。正如哈钦斯（Hutchins）所描述的那样，我将具身交互的概念与分布式认知的概念联系了起来。他的研究领域涉及思维的生态学和在日常环境，例如飞机驾驶舱中的认知和学习。与人的交互以及与人们所处的物理环境的交互，对在群体之间创建分布式认知的网络而言都是非常关键的联系，因为此类网络不同于构成该群体的单个个体的认知。

查克·古德温（Chuck Goodwin）于 2007 年和 2009 年发表的研究成果详细地阐述了我们与所处物理环境之间关系的重要性。他在分析一名年轻学生和她的父亲共同完成数学作业的案例中，首次提出"环境联结姿势"（environmentally coupled gestures）的概念。在该案例中，这名父亲将语言、他使用的姿势以及周围的环境结合在一起，与女儿进行交流。古德温将这种交流方式称为环境联结姿势。古德温注意到了这位父亲的身体相对于女儿的位置、他们眼神所凝视的不同方向，以及这些姿势综合起来所产生的力量。在特定情境中，人们处理、合成并使用各种符号来创建一个新情境的转化过程，古德温称之为"合作式符号化"（co-operative semiosis）。在这个社会过程中，意义和行为得以构建。

研究人员认为我们对人类认知的看法是非常狭隘的，因此他们都在致力于拓宽其界限。多罗希的研究内容和之前的情境认知理论有很多共同之处，他使用了"联结"一词来描述我们如何通过与世界每时每刻的互动来构建意义。意义构建是通过我们与周围世界的互动来实现的，其形式和结构各不相同，不仅涉及我们与他人分享意义，而且涉及我们与自己所拥有的思想之间的关系。多罗希将这些称为："本体论"（ontology）、"主体间性"（intersubjectivity）和"意向性"（intentionality）。我想知道的是，这些是否也可以被视为智能不同方面的特征。

在结束关于具身性，尤其是情境对于学习和智能的重要性的讨论之前，我想指出让我觉得非常奇怪的一点，那就是在已发表的教育类实证研究成果中，极少有论文提到，甚至也鲜有记录涉及与情境相关的信息。鉴于社会科学中，包括教育学领域，有大量文献证明了情境对学习的影响，这一点显得尤为奇怪。同样很奇怪的是，在研究领域也极少会提到实验环境中的情境特征，而这些大型实验项目若不提及情境特征，就很难得出概括性发现。研究结果的可转移性取决于，在两种实验环境中，研究结果是否具有相似性。因此，如果缺乏情境类信息，我们就降低了研究结果的可转移性。

2012 年，我与同事布雷特·布莱（Brett Bligh）、安德鲁·曼切斯（Andrew Manches）、莎罗·安斯沃斯（Shaaron Ainsworth）、查尔斯·克鲁克（Charles

Crook）和理查德·诺斯（Richard Noss）一起，针对教育类技术应用的有效性，对相关证据进行了审查。当时，在教育领域，尤其是教育技术领域的研究中，情境因素的缺失就变得非常明显了。刚开始，我们想对我们审查的所有研究证据中的情境因素进行分类。我们想记录环境和资源（包括人类资源和无生命资源）中实验参与者可利用的因素，我们希望了解研究所探讨的知识或技能的性质，以及其中所涉及的课程、习惯和具体实践。但我们很快发现，我们的这些意图只能是意图而已，完全无法实施下去，因为我们所审查的所有研究论文和报告中根本没有包含足够多的关于情境因素的信息，也根本不足以让我们对其进行分类。更令我震惊的是，许多论文甚至没有交代、提出、观察和评估此类教育类技术的参与者、内容和地点等关键信息。

我们所审查的大部分研究都是在现实世界中而非实验室条件下展开的，因此问题并不在于这些研究结果是否有效，而在于如果此类研究结果没有相应的情境数据做支撑，很可能就会让这类为学生和老师开展的研究的实际价值大打折扣。这种深刻的认识让我不禁质疑此类研究的价值，不仅是对那些会读到此类研究结果的科学家同行，而且是对所有人。如果对某项教育类技术而言，其研究结果没有提供任何关于其使用情境的信息，那我们又将如何在现实世界中应用呢？作为科学家，如果我们能够提供有关学习和教学环境重要性的证据，那就必须在我们所开展的研究中考虑到这一点。我在第 6 章探讨人工智能技术的兴起对教育的影响时，将对上述主题做出进一步探讨。

自我效能感

1982 年，斯坦福大学教授艾伯特·班杜拉（Albert Bandura）在《美国心理学家》（*American Psychologist*）期刊上发表的文章中写道："自我效能感指在预期情境中，人们可以将某一系列行为完成到何种程度的判断。"在这篇文章中，他所提供的证据表明，更高水平的自我效能感与更高水平的表现有关。他观察到，如果人们认为他们的能力不足以应对某些活动，就会避开这些活动；但对于那些他们认为自己能力能够应对的任务，就会充满信心地参与进来，当然前提是他们的自我认知都是合理的。这意味着，我们能够正确感知自我效能感极为重要，因为感知不准确的话，就会导致我们浪费精力或感到失望。

如果我们要努力完成一项艰巨的任务，并能准确判断出哪些任务对于自己过于艰难，那么就需要对我们的自我效能感做出有力而准确的判断。班杜拉认为，自我效能感的概念可以用来解释很多事情，包括与教育相关的问题，如自我调节和职业选择等。他还假定，群体的自我效能感在社会变革过程中起到了非常重要的作用。

有证据表明，自我效能感与学习和表现有关。个体对完成任务所拥有的自信与该个体的优异表现和学习能力都密切相关。自我效能感并不局限于学生，教师所拥有的自我效能感同样十分重要。已有研究证明，教师的自我效能感会影响他们的教学实践、教学热情、奉献程度、授课方式等。教师拥有的积极准确的自我效能感也与更高水平的学生成绩和学生动机相关。自我效能感的概念还与元认知有关，尤其涉及元认知控制。然而，自我效能感并不是固定的，它取决于具体任务和环境。

李（Lee）在 2009 年对经济合作与发展组织统筹的国际学生评估项目的数据库中的数据开展了一项有趣的研究。他在数据库中搜索，然后找出了与数学成绩相关的最佳非认知性预测因素，并得出学生的 3 个重要的自我信念变量。这 3 个变量分别是：

1. **自我概念**，即学生对自我的看法，可以体现在如"即便是数学课程中最难的问题，我也能够理解"这样的陈述中；
2. **自我效能感**，即学生对自己能完成某项任务的信念，通常反映在"数学课程中很难的问题，我也确信能够解决"这样的陈述中；
3. **焦虑**，即学生在思考或者执行某项任务时所具有的生理和情绪反应，通常反映在"我常常担心数学课程中会出现对我来说太难的问题"这样的陈述中。

李表明，在所有经济合作与发展组织国家中，上述 3 个自我信念变量都与学生的数学成绩有着高度相关性。其中，自我效能感，即学生对自身能力的信念，则与学生成绩的正相关性最高。相较于与学生的自我概念和焦虑程度，自我效能感与成绩的相关性要高得多，这里的自我概念包括他们对自己理解程度的看法。

自我效能感将元认知和动机的许多要素结合在了一起，因此这 3 个概念是密不可分的。我认为，我们的认识的认知同样深刻影响着自我效能感。准确的自我效能感需要我们对自己所拥有的知识和理解做出基于证据的准确判断。**想要在特定情况下取得成功，不论是独自完成任务还是和他人一起完成任务，我们都需要对自己的能力有清楚的认识，这样才能拥有准确的自我效能感。** 为了从相关证据中对自己所拥有的知识和理解做出准确判断，我们需要认识到何种证据才是合理有效的，并且需要知道如何做出判断。这些基础步骤都与我们的认识的认知有关。

不论是对于现在还是将来，基于对我们所知的准确判断而形成的准确的自我效能感都是学习的一项关键能力。我认为，对终身学习而言，准确的自我效能感至关重要，因为这项能力是人工智能无法复制的。到目前为止，没有人工智能可以理解自己，也没有人工智能具有元认知意识、动机和自我认识等人类所具有的能力。因此，**我们必须确保自己不断利用人类特有的能力去发展人类的知识和技能，与此同时，明智地使用人工智能来处理它最擅长的事情，即去掌握常规认知和机器技能。**然而，我们却花了几十年时间，将这个本应抛给人工智能的事情灌输给了学生，还对他们的测试表现做出奖惩，这种做法亟待改变。无疑，这对于学校体系、课程设计和教学实践的影响是巨大的，教育工作者必须抓紧时间行动起来，共同商议如何改变现状。我将在第 5 章中详细探讨我们到底应该如何解决这一教育问题。

本章小结

在本章中，我从知识意味着什么谈论到了人类的元智能，即我们对自己认知的智能。这种自我认识或者说自我智能，对于提高我们对世界认识的复杂程度、我们思考知识的方式以及认识事物的方式，都是至关重要的。正如我们在上一章中看到的那样，我们在思考知识是什么以及如何获得知识方面往往过于浅薄。本章的重点在于，尽管对世界的认知很重要，但智能绝不仅限于此。通过本章的阅读，我相信你已经认识到一个事实，那就是自我认知能使我们抵达人工智能系统无法抵达之处。

　　当我们通过不断发展我们的认知来与世界互动时，我们构建知识和理解的能力也在不断提升。这种对世界的认知和理解常常与智能相混淆，这也正是人工智能系统擅长之处。但是，我们的其他能力，尤其是人类所独有的能力，没有得到充分的重视，而这些能力恰恰能够增强我们对世界的认识和理解。我们没有重视对自己思维的认识或者说是调节心理过程的能力。在我们的教育体系中，如果有的话，也很少明确地对这些能力做出评估。

　　我们的元智能包括下列 4 个要素：

1. 元认知： 我们对自身认知过程的认识和控制；

2. 元情绪： 我们对自己的感受及其如何影响我们认知和学习方式的感知；

3. 元情境意识： 我们对世界的身心意识；

4. 自我效能感。

　　元认知可以进一步细分为：第一，我们对自己认知过程的认识，即我们对如何、何时、何地以及为何获取知识的认识；第二，我们用于监控和调节这些认知过程的心理过程。复杂的元认知对于智能发展与我们在学校和其他地方的表现都至关重要。通过适当的教学和支持，我们可以发展和提升自己元认知的复杂性。有大量证据表明，元认知与我们的智能表现之间有着密切的关系，简单来说，提高我们的元认知技能和能力有助于我们提升学习成果和认知表现。

　　然而，即使是那些拥有高度复杂的优异元认知的人，也可能完全没有意识到他们对世界的认识、理解和观念在他们与世界互动的经验中悄然发生着改变。有证据表明，我们观念的形成受到特定情境的影响，而在受到影响之后我们常常无法正确评估自己当初所持有的观念，并且通常我们没有意识到自己的观念是如何改变的。我们还需认识到，元认知与认识的认知之间的联系。准确地回忆起我们过去的观念比判断我们当下的观念要难得多。要回忆起我们曾经持有的观念，就需要我们对得出之前结果的心理过程和当时所处的环境进行重建。我们的本性让我们不愿做耗费脑力的事情，因此我们常常展现出自己的省事能力，直接进行事后合理化，为我们之前所持有的思想和观念构建一个令人信服的说法。

在我们的元智能中存在着一个复杂的困境，它将我们与人工智能系统区别开来，它是我们智能造诣的未知因素，但也是人类不可靠的原因。这种不可靠性意味着我们常常无法意识到自己的观念已然改变，也让我们很容易轻信那些媒体操纵下的舆论。当我们将这种人类元智能的不可靠性与我们对如何通过证据来证明知识的肤浅理解相结合时，情况就变得更加令人担忧了。从这个角度来看，最近的网络新闻形势就显得更加严峻了。**如果我们想避免将来经常受骗，就需要格外注意培养我们的元智能。**

人类的这种不可靠性也使我们是否应该在公开场合探讨证据这件事变得更加复杂。我们是否应该让人们意识到他们很容易受到观念的操纵？如果我们这样做了，他们是否还会对其他观念持开放态度，是否还愿意阅读新的证据？让人们对自己的观念和态度更加谨慎，既可能带来正面的影响，也可能带来负面的影响。因此，我们需要一个能够带来正面影响、能教人们做出仔细推理的教育体系，而不是让人故步自封，永远守着自己的旧观念。

元智能不仅包括认识和调节我们的思维，而且包括认识和调节我们对学习的内容和方式的感受。来自社会学、心理学和神经科学的大量证据表明，我们的感受影响着我们学习的内容和方式，而这一点我们本能就知道。对于我们的情绪如何影响我们的行为，动机是一个特殊而重要的例子，反之亦然。情绪会推动我们的行为，让我们通过学习的方式增加对这个世界的认识和理解。

正如我们所见，学习动机与元认知密切相关。学习动机受到我们对下列内容所持观念的影响：

- 完成某项学习行为的能力，包括控制行为结果的能力与自己的表现将有多好的看法；

- 即将展开的学习行为的价值，这一点可能会受到我们目标导向的影响，而目标导向又极易受其他因素影响；

- 对任一特定学习行为的情绪反应，其关键点在于：我们的每种情绪都可以是积极的或消极的，每种情绪都可以是增强性的或削弱性的，而且只有情绪是积极的且是增强性的，才能有效增加动机。

元智能的第三个关键要素涉及我们在世界中的物理存在以及我们对这种存在的意识，即元情境意识。从对家庭背景对儿童学业成绩产生的重要影响的研究，到对人们将从一种情境中所学知识转移应用到另一种情境之中的困难性的研究，有大量证据表明，我们所处的情境会影响我们的学习。然而，此类教学研究报告中，研究人员却很少关注到学习发生的实际情境。更少受到关注的则是，人们对他们所处情境以及情境变化的认识和理解。我们再次发现，元情境意识没有受到足够重视，而该智能同样也是人工智能系统无法拥有的智能。

关于元智能的讨论，我谈到的最后一个要素是自我效能感。有证据表明，有较高自我效能感的人通常表现得更好。我们不准确的自我效能感可能会导致努力白费并让自己失望。自我效能感对所有人来说都是至关重要的，它与元智能的其他要素密切相关，而元智能的所有要素都不可分割地结合在一起，我们的认识的认知则深刻影响着自我效能感。基于对我们所掌握的知识和技能的准确判断的自我效能感，对于当前学习和未来学习都是至关重要的能力。我认为，准确的自我效能感对于终身学习至关重要，因为人工智能无法获得这项能力。

在下一章中，我们将使用在第 2 章和第 3 章中讨论的智能要素来探索人工智能现在可以实现的目标与未来可能实现的目标。

| 给学习者
的启示 | 1. 在当今这个人工智能系统不断渗透的世界里，我们需要不断发展自我效能感，才能成为一个终身学习者。
2. 我们的情绪会推动我们的行为，让我们通过学习的方式增加对这个世界的认识和理解。 |

MACHINE LEARNING
AND HUMAN
INTELLIGENCE

THE FUTURE OF
EDUCATION FOR
THE 21ST CENTURY

04
人类智能的要素，
强化人工智能取代不了的能力

智能很复杂。在前两章中，我探讨了智能的关键要素，我认为这些要素对于我们讨论和评估智能都很重要。智能涉及我们对周围世界的认识与我们认识世界的方式，它还涉及元智能，即我们对智能的认识和调节。在本章中，我将把智能和元智能的不同要素结合在一起，组成一种我们能够识别、支持和发展的智能。

萨塞克斯大学的认知和计算科学学院是 20 世纪 90 年代末计算机科学和人工智能的研究圣地，我们常常亲切地将其称为 COGS。作为卓越的研究中心，它享誉国际，其跨学科的研究方法为学生打下了研究人类智能和人工智能的良好基础。在萨塞克斯大学学习最令人愉快的事情莫过于上哲学家玛格丽特·博登（Margaret Boden）教授的课，学生们都喊她"玛吉"（Maggie）。在去往萨塞克斯大学学习之前，我从未学过哲学，但我有幸遇到玛吉并由她担任我的讲师和导师，她让我开始体会到以哲学方式进行思考的乐趣。

人工智能历史是COGS所有一年级本科生的必修课程，该课程由玛吉担任授课教授。我常常在课堂上随着她走进人类早期迷恋智慧的历史之中。她描述了早在几百年前就已经存在的自动机械装置，人们将其称为"自动机械"（αὐτόματον）。人们打造这些精妙绝伦的机械装置，用来模仿人类和动物的行为，包括敲鼓的熊、演奏羽管键琴的女士等，其中有些装置还极为复杂。此类早期机械工程的壮举并非毫无意义，它们体现了人类执迷于利用自己的形象制造事物，它们也是机器人技术进化史的一部分。我们在课上还了解到，稍晚些时候，人类就开发出了更具认知灵感的机器，从17世纪的早期计算机器，到查尔斯·巴比奇（Charles Babbage）发明的以蒸汽为动力的机械计算器（其中包括第一个可编程的机械计算器，称为"分析机"），再到IBM公司的马克1号计算机。然而，人类发明这些"认知型"机器，并不是试图模仿人类的外表，而是试图模仿人类的计算能力。

人工智能不是真正的智能

"机器人"一词是在20世纪20年代由捷克作家卡雷尔·恰佩克（Karel Čapek）率先提出来的，被用来描述未来反乌托邦中的人造人。从那时起，各种机器人就开始成为小说家和电影制作人的素材，此类小说和电影主要描绘未来的反乌托邦世界。对于机器人技术的研究则最早出现在诺伯特·威纳（Norbert Wiener）1950年的研究成果中，他于20世纪40年代开始投身于控制论领域的研究，研究重点在于动物控制和通信，从而构建能够有效模拟此类功能的机器。

人们创造的智能机器具有各种不同的工作形式，均可以模仿人类智能行为，我将在本书中均使用"机器人"一词。近年来，人工智能这一术语在某种程度上受到了一定限制，其使用主要集中在机器学习上。事实上，机器学习只是开发人工智能技术的一种特殊方式。我们必须承认，对于发展人工智能，机器学习是一种极为有效的方式。但是，要了解人工智能的真实含义以及我们与它的关系，我们就需要从更广义的角度去思考人工智能。

2005 年版的《牛津英语词典》将人工智能定义为：

> 计算机系统，旨在通过模拟人类独有的能力（例如，视觉感知和语音识别）和智能行为（例如，评估可用信息，然后采取最明智的行动来实现既定目标）来与世界进行互动。

近些年来，人工智能的定义被限制在计算机系统领域，人们将能够完成"人类在处理该项任务时需要使用其智能"的动作和行为的计算机系统称为人工智能。这个定义无疑将人工智能和人类智能进行了比较。我们可以在艾伦·图灵（Alan Turing）的开创性研究中找到之前关于人工智能的定义，数十年来，此定义给了我们很多启发。在于 1950 年发表的论文《计算机器和智能》（*Computing Machinery and Intelligence*）中，他写道："我相信在 20 世纪末，随着语言使用的变化和教育普及后大众观念的变化，人们能够畅谈机器思考而不会遭受反驳。"图灵还设计了一个名为"模仿游戏"（Imitation Game）的测试，在该测试中，一名提问者向一名男性和一名女性提问，提问者无法看到两名回答者，只能通过提问的方式与之交流，从而判断回答者是何种性别。图灵的问题在于，如果一台机器取代了男性回答者的话，提问者是更容易找出女性回答者还是更难找出女性回答者。图灵的测试再次将对技术智能的评估与人类智能的比较联系起来。这个测试也十分有意思，因为它将重点放在了人工智能具有的欺骗性上。

在本书开篇，我就指出，人类对测量和将事物简单化的痴迷已经削弱了我们的判断力，使我们无法合理地评价事物，对此我感到很担忧。我认为，如今有很多技术能够欺骗用户，让用户相信它们是人类。然而，我认为这更多地反映了我们倾向于低估作为人类的意义，而并非真实反映了技术所拥有的智能。

除了人工智能的定义之外，我们还需要区分"特定领域人工智能"（domain-specific intelligence），或者说"狭义人工智能"（narrow intelligence），与"通用人工智能"（artificial general intelligence，AGI）等术语之间的区别。狭义人工智能包括 IBM 沃森认知计算系统、DeepMind 的 AlphaGo 人工智能机器人等。这种人工智能要求其智能行为限制在一个固定的范围之内，例如下棋、驾驶车辆，或针对特定问题进行信息的存储、检索和使用等。通用人工智能则是指由人工智能驱动的计算机或机器人，而且它们在某个节点上获得了重新设计、改进自身或设计出比自身更先进的人工智能的能力。任何人类能够完成的智力任务，此类人工智能都能成功完成。通用人工智能获得这种能力的节点，就是人工智能术语中的"奇点"。

迈克斯·泰格马克（Max Tegmark）在 2017 年极具影响力的著作《生命3.0：人工智能时代，人类的进化与重生》[①]一书中，也试图找到一种重新

[①] 迈克斯·泰格马克是麻省理工学院物理系终身教授、未来生命研究所创始人。《生命3.0》的中文简体字版已于 2018 年由湛庐文化引进，浙江教育出版社出版。——编者注

定义人工智能的方式，而不依赖于与人类智能的直接比较。他想要找到一个普遍适用的广泛定义，而且现在和将来都能适用。他认为如今的人工智能系统只能被视为狭义人工智能，因为虽然此类人工智能系统能够实现复杂的目标，但单个人工智能系统只能实现非常具体的目标。他将智能定义为"完成复杂目标的能力，而且此类能力不能只通过智商来衡量，而需要通过涉及所有目标的能力范围来衡量"，由此可见他对完成复杂目标的重视程度。他还指出，通用智能包括学习的能力。然而有意思的是，他对通用人工智能的定义再次回到了与人类智能的比较上来，他将其定义为"可完成所有认知任务，并且完成得至少和人类一样好的能力"。

我认为将智能与学习和完成复杂目标结合起来的想法很好。然而，在任何对人类智能的评判中，我都不太热衷于单纯将完成认知任务的能力作为标准。我将很快再次回到人类智能这个主题，因为这是本书的焦点，但就目前而言，我想先讨论机器人智能的问题，因为这个问题困扰着我。我在这里所说的机器人包含所有基于技术的智能，无论是单纯的软件，还是拥有机器人的造型。

泰格马克对狭义人工智能的定义很好地解释了这种智能的局限性：它仅限于非常具体的应用程序。很明显，在它们接受过特定训练的具体技能方面，此类人工智能系统甚至可能战胜最聪明的人类，例如玩某项复杂的游戏或是在数百万个文档中搜索出特定的条款。然而，这些人工智能系统的局限性很强，不仅受限于它们接受培训的具体任务，而且受限于它们的技能适合的任务类型。此类系统不像人类那样智能化，我们只需将其视为能够快速准确地完成特定任务的信息处理系统。它们还无法达到人类智能的级别，我们不应一再称其拥有"智能"。然而，它们无疑将改变我们的生活，而我们则需要不断提升人类智能，以确保它们带来的改变是积极的。

现在我们回到本书的焦点上来，即我们用于识别、讨论和评估人类智能的方法是贫乏的。由于缺乏此类方法，我们面临着减弱而非增强人类智能的风险，但人类自己正是这个世界上最宝贵的资源。

我们识别、讨论和评估人类智能的方式必须包含我在前两章中讨论过的所有智能要素，而且它必须包含我们系统 2 的理性子系统，因为该子系统将促使我们成为拥有自我效能感的学习者，只有这样我们才能在人工智能的世界立于不败之地。跟迈克斯·泰格马克的观点一致，我在此强调学习的重要性，因为我认为**学习是智能的基础，是我们必须不断提升的技能，也是我们终身都必须坚持做的事情**。人类智能也是具有不可靠性的，容易产生偏向，并且非常善于进行事后合理化以维持自尊。

交织型智能的七大要素

我已经在前文中指出，现在我们应该在思考和讨论人类智能的方式上进行范式转换了。因此，我们需要以多种过程并行的方式将智能的概念稍做修改。我们需要以科学家的身份，将我们的主观经验纳入考虑范畴，从而超越当前智能概念的界限。那么，如何更好地建构人类智能框架呢？我在前两章中剖析了我认为的各种对人类智能至关重要的人类能力。现在，我将这些能力归纳为建构一种交织型智能的七大要素，我认为该模型对于发展人类智能并使其保持领先于人工智能的水平非常有用。

　　我认为人类智能拥有七大要素，其中五大要素可以归类到元智能。我在此采用了"要素"一词，因为它含有必不可少并且至关重要的意思。在交织型智能中，每个要素都没有设定大小、形状或者程度（如表 4-1）。在我们一生之中，这七大要素都会得到不同程度的发展，或是单个要素得到提升，或是多个要素共同提升，但其中某些要素的发展要比其他要素更快。我必须强调的一点是，这些要素不是单独的智能，而是复杂的交织在一起的整体。不仅每个要素在不同时刻都具有不同的复杂性，而且七大要素之间的关系也是复杂多变的。例如，关于物理或历史的复杂知识可能无法与同等复杂程度的社交智能相匹配。

　　为了提升智能，我们就需要不断发展这七大要素的复杂性。然而，虽然不论是就单个要素本身而言，还是就它们与其他要素之间的关系而言，每个要素都是非常重要的，但对某些人来说，或者对我们一生中的某些时候来说，一些要素可能比其他要素更为重要。单个要素的发展和所有要素共同的发展是互补的，每个要素都是不可或缺的。虽然每个要素都至关重要，但有时候，相较于其他要素，有些要素可能发展得更好。每个个体的交织型智能的具体构成都是独一无二的，就如同世界上没有两个人拥有完全一样的指纹那样。但交织型智能与指纹的不同之处在于，它不是生来就固定的，我们在一生之中可以不断发展、提升自己的交织型智能。**想要使交织型智能得到充分的发展，秘诀就在于，我们要将其视为一个整体来发展，避免只注重单个或部分要素的发展，即我们必须注重全部七大要素。**

表 4-1　交织型智能：学术智能、社交智能与元智能

要素名称	具体描述
1. 学术智能	关于世界的知识。知识和理解都涉及多个学科领域，具有跨学科的性质。知识和信息有本质区别，但我们常常将二者混淆。我们亟须分清它们。
2. 社交智能	社会交往的能力。社会互动是个人思维和群体智能发展的基础。人类的社交水平是人工智能无法企及的。社交智能中同样包含元层面，我们可以以此来发展对自己社会交往的调节能力和意识。
元智能	
3. 元认识智能	对知识的认识。它是认识的认知，或称为我们的个人认识论。对于知识是什么、认识某事物意味着什么、何种证据是真实有效的、如何基于证据和所处情境做出正确合理的判断等，我们都需要发展出健全的认识。
4. 元认知智能	包含调节技能。对于正在发生的心理活动，我们需要学习和培养出解读能力。此类解读需要以真实有效的证据为基础，并且此类证据需从我们与世界在具体情境中的互动中获取。
5. 元主观智能	元主观知识与良好的元主观调节技能。"元主观"一词包含了我们的情绪性知识、动机性知识以及调节技能。我们需要发展出识别自己情绪和他人情绪的技能，并且在对待其他人或者针对某项特定活动（我们的动机）时发展出调节自己情绪和行为的能力。
6. 元情境智能	对于理解我们与周围环境、环境中的各种资源以及其他人的具身性互动，元情境知识和技能都是至关重要的。元情境智能包含生理智能，由此我们得以通过身体的实际体验来与世界进行交流和学习。元情境智能为我们通往直觉性心理过程架起了智能的桥梁，它使我们认识到自己何时会唤醒直觉性心理过程，并评估这种唤醒是否合理。元情境智能还能够帮助我们认识到自己是否产生了偏向，以及是否进行了事后合理化。
7. 自我效能感	此项智能要求我们对自己的理解、情绪以及个人化情境拥有一个准确的基于证据的判断。不论是单独处理某项任务，还是与他人合作，我们都需要对自己在特定环境中的能力有一个准确的认识，这样才能够成功地完成任务。对于人类智能，此项智能最为重要，并且它与其他 6 项智能息息相关。

我在这里把智能分为七大要素，并非因为自己痴迷于分类，更非因为痴迷于测量。在第 6 章探讨思考智能的含义时，我确实会使用评估和测量的方法，但我的目的是找到一种评估人类智能的方法，这种方法能够不断帮助我们发展智能。因此，上述这些要素从本质上来说都是发展的，均没有完成形态，没有什么我们在生命结束之前需要将这些智能发展到某种状态的说法。相反，在我们不断努力发展人类智能的复杂性时，可以利用这些要素作为指导。我并不是说这七大要素就是人类智能的全部，但我确实认为，从这个角度出发，是一种思考和讨论智能的有效方式，因为我们或许能够借此找出战胜机器人的最佳方法。

上面概述的七大智能要素共同形成了一个交织的整体，其复杂性无法用程度或形状来描述。对于这七大智能要素的联结方式，我相信我那些数学领域或者化学领域的同事们肯定能够找到确切的词语来描述。然而，在他们未给出意见的情况下，我使用了"交织"一词，并将我所提出的人类智能模型称为交织型智能。

对于上述交织型智能所包含的七大要素，我对每个要素的选择和描述都是建立在大量真实有效的证据之上的。这些证据表明，人类智能中确实存在这些智能要素，而且这些要素与我们在世界上的智能表现有着密不可分的关系。为免引起任何混淆，我在此再次强调：这些不是七个独立的智能。没错，我们之中的一些人可能在某个要素中具有更高的复杂性，同时又在另一个要素中具有更低的复杂性，比如，与我们对音乐的知识和理解相比，我们对物理学的知识和理解的元认知意识更为复杂，但是不论是我们对物理学和音乐的知识和理解，还是针对它们的元认知意识，都不是独立存在的智能。

交织型智能所具有的发展本质意味着，我们会以不同的速度、在不同的时间段将这七大智能要素的形式和复杂性发展到不同的程度。这种发展既不是单个要素线性发展，也不是所有要素齐头并进，而是一起以不同的速度发展。在面对不同学科领域、不同自然环境和社会环境时，这七大要素中所涵盖的各种能力都将得到不同程度的锻炼。而且，在这些要素中很有可能存在着诸多不一致的地方，因为我们可以对同一事物同时持有不一致的看法。持有这种不一致的看法并非愚蠢的表现。然而，若想衡量我们的智能，就需要考虑我们意识到此类不一致看法的程度，需要考虑我们对从中学习以获得更一致、更稳定的看法的认识。

人在婴儿时期虽然不会展示他们掌握了这些要素，但我们认为他们是有能力做出展示的。考虑到这一点，我们可能需要修改对智能的评估方式。我们认为，婴儿能够通过成长、社会互动、获得经验和不断发展来获得自己拥有智能的能力。

我用"复杂"一词来描述我们智能的每个要素需要达到何种程度，当然应记住，**无论智能达到了怎样复杂的程度，都可以继续实现更高的复杂性。**智能一开始的复杂程度并不高，这种复杂性需要不断发展，因此自然而然地，我们也会经历复杂程度不同的各个阶段。然而，对任一智能要素来说，就其涵盖的某些方面的应用，我们拥有较高的复杂程度，而对其涵盖的其他方面的应用，则没能拥有同样水平的复杂程度，这种状况也是有可能的。例如，调节情绪和动机状态都属于元主观智能，而我可能擅长调节我的身体健康方面的情绪和动机，但对于调节完成数学作业方面的情绪和动机，可能就没那么擅长了。

除了"复杂"一词之外，对于七大智能要素的较低的复杂程度，我建议使用下列词语进行描述：简单、复合以及整合。在认识论和元认知的知识和技能领域，已经存在大量研究，这些词语就是基于此类研究挑选出来的。针对智能的七大要素，描述每个要素的发展程度的方式都是不同的。我将在第6章探讨智能评估时再讨论这些描述的细节。

机器人是否拥有智能

我之前对狭义人工智能做了相当简略的处理，因为我们能相对直观地看到它们，虽然此类现代人工智能获得的成就着实令人惊叹，但这种人工智能的智能范围却极其有限。但是，在结束这个问题之前，我们是否应该考虑更复杂的人工智能形式？为了探讨这些更复杂的人工智能是否拥有智能，我将简要介绍一下人工智能技术当前的趋势。

一般来说，如果没有理解人工智能是如何运作的，那它看起来就像魔法一样，而且这个领域中过多的术语更是增加了其神秘性。因此，在展开对人工智能未来的复杂性的讨论之前，我们需要抛开一些术语。

无法学习的人工智能

所有人工智能都基于拥有计算能力的数字技术。值得注意的是，有些人工智能可以连接到生物系统或者在生物系统内运行，但此类人工智能至少是部分基于数字技术的。计算的先决条件是存储信息的能力。数字技术中，信息的存储采用1或0的形式，存储在计算机硬盘之类的设备上。完成计算的过程仅仅是取出之前存储的信息，通过对其进行处理来使其转变为不同形式的信息。这种对数字信息的处理是通过预定义函数来完成的。指令会定义出将信息从一种状态转换为另一种状态的函数，这种指令采用算法的形式。这些算法可以根据所需的计算类型以多种不同的语言编写。算法中的指令可能导致极其复杂的计算，尤其是在涉及人工智能的时候。

所有计算机都以这种计算模型为基础，包括人工智能计算机。各种人工智能的差异主要在于编写算法指令的方式不同，以及根据指令进行信息转换的方式不同。早期人工智能系统的核心算法多数使用的是产生式系统和知识库系统中的规则。这些系统能够完成搜索、规划、决策和游戏。这些系统通过一系列具有逻辑性的"如果……那么……"形式的编码规则运行。通过计算机键盘提供给人工智能系统一个信息，该系统就会将信息映射到规则中相匹配的"如果……"语句。发生此映射时，系统就会执行该规则。例如，某规则定义"如果……"输入项为"黄色"，"那么……"输出项就为"太阳的颜色"。这显然是一个非常简单的例子，但是使用这种"如果……那么……"规则可以建构非常复杂的系统。规则库可以非常复杂且相互关联，从而使这些系统能够解决复杂问题。

我在本科就读人工智能专业的第一年要编写一个人工智能计算机程序，并且需要用该程序执行第一批人工智能系统中的一个版本。最早的系统是约瑟夫·魏泽堡（Joseph Weizenbaum）的心血结晶。约瑟夫·魏泽堡在1964年编写了该程序，并将其命名为伊莉莎（ELIZA）。这个早期的人工智能程序仅展示了人与机器之间肤浅的交流互动，尽管许多人认为伊莉莎具有与人类类似的感受。研究人员用伊莉莎模仿精神分析师，并邀请该程序的用户将他们的问题输入基于文本的界面。例如，我可能会输入："有人跟踪我，我真的很担心。"电脑屏幕上来自伊莉莎的回应可能是："为什么你会认为有人跟踪你呢？"

在伊莉莎程序中会发生模式匹配的过程，当我键入的句子中有关键词与伊莉莎规则库中的某个规则相匹配时，系统就会执行该规则，以产生相应的结果作为回应。比如说，我输入的句子中"我真的很担心"可能会匹配到一个相应的规则："如果……"输入项为"我 ×× 担心 ×××××"，"那么……"输出项为"你为什么 ×× 担心 ×××××"。

开始着手完成那次本科作业时，我决定编写一个伊莉莎的政治家版本，对于任何输入项，都以一个意思重复的版本作为回应，如果实在没有找到规则相匹配，那就执行默认规则，即政治家伊莉莎将以"改变话题"作为回应。这个程序运行起来很顺畅，因为人们与政治家开展的对话大多都是可预测的，就像患者和精神分析师之间的对话一样。

例如，我可能会输入："经济状况正在恶化，对此你有什么打算？"计算机屏幕上来自政治家伊莉莎的回应就可能是："我们打算坚持我们对经济的承诺，这种状况正在好转。"然后我可能会输入："但失业率正在上升，经济增长正在下降，你将如何解决这个问题？"计算机屏幕上来自政治家伊莉莎的回应就可能是："我们将继续实施我们合理有效的经济政策，以增加经济增长并减少失业率。"接着我可能会输入："但是这些政策在过去 3 年都没有奏效，你为什么认为现在能够奏效？"计算机屏幕上来自政治家伊莉莎的回应可能是："我们应该时刻谨记我们所取得的成就以及政府一直以来良好的政绩记录。"

　　然而，尽管许多人对伊莉莎等早期系统印象深刻，但以规则来表示知识的挑战依然相当大，而且系统的功能也非常有限。比如说，对于特定情景，我们不清楚需要用到多少规则，因此很难知道多少数量的规则才是足够的。而且我们也很难知道在特殊情况下会发生什么，因此很难知道如何设计才能使规则保持一致并且有充足的数量。简而言之，想要使这些系统能够成功处理问题，就需要使其具有相应功能来表述任务中的问题。此类系统还需拥有足够且一致的知识体系与处理异常状况的能力，因为在现实世界中不可避免地会发生意外情况。此外，这些早期系统的能力范围非常有限，因为它们的规则库在设计时是固定的，而且它们没有学习的能力。随着算法的发展，产生了可以学习的系统，人工智能技术才迎来了真正的转变。

能够学习的人工智能

　　现在，我们可以通过多种方式对人工智能系统进行编程，使其不断学习，处理在设计时编写的固定指令集之外的任务。实现学习的方法之一是，针对系统运行的环境，编写一套基于概率的规则。这些规则中的概率参数能够在机器学习时发生变化。针对观察到的数据，系统必须找到与之相匹配的正确规则。例如，统计学习算法已用于语音识别，该算法假设，环境中某种状况发生的概率所产生的大量数据能够通过百分比来进行统计。一组先验概率用于创建过程，然后利用可用数据集对系统进行训练。系统学习的程度取决于训练数据的质量和系统所遇到的后续数据。规则中会描述系统能够处理的问题，而该系统则受限于此问题"库"。换句话说，这些系统只能处理有限的输入类型集合。

神经网络，这种能够学习的人工智能系统的表现形式已经为人所熟知了。我记得在读本科的时候，我学习了相关知识，并利用神经网络构建程序不断开发能够学习的人工智能。在过去 10 年中，神经网络越来越受到人们的重视，其复杂程度也越来越高。人们之所以将其命名为神经网络，是因为这种信息处理模式是受到人类大脑神经元结构的启发而来的。然而，它们与人脑在本质上有着很大的不同。神经网络理论是于 20 世纪中期在"麦卡洛克－皮茨模型"（McCulloch Pitts，以下简称 MP）中率先提出的。神经网络是一个具有逻辑的基于规则的系统，其处理信息的方式类似于触发神经元。人工 MP 神经元基本上是一个逻辑门：当被赋予一个正确的输入语句时，它被描述为"触发"；当 MP 神经元未触发时，输入语句被视为是错误的。不同的 MP 神经元拥有不同的触发阈值，因此，具有高阈值的 MP 神经元通常属于抑制型，很少被触发，一般以逻辑"与"（and）作为表现形式，具有低阈值的 MP 神经元则常以逻辑"或"（or）为其表现形式。

这些 MP 神经元是早期神经网络中逻辑系统的构建模块，任何逻辑表达式都可以由这些 MP 神经元所构建的网络来表示。但是，这些系统受限于它们能够处理的输入项。这种限制促进了人们对函数概念的使用，即把一个数集作为输入项，对其进行加工处理，得出另一个数集作为输出项。在语音和图像处理、对物理设备和系统的控制问题的解决等领域，这种使用非常普遍。

一位名叫弗兰克·罗森布拉特（Frank Rosenblatt）的心理学家用 MP 神经元构建了一个叫作感知器（Perceptron）的神经网络系统，该感知器有 3 层 MP 神经元。感知器的第一层神经元接受输入信息，第三层神经元则作为输出单元。在两层中间是一层关联神经元，也被称为隐藏单元。通过构建一些特定的配置模型，从输入单元到隐藏单元的连接是随机固定且不可修改的，但从隐藏单元到输出单元的连接是可修改的，并且会根据感知器所接受的训练来改变输出的值。罗森布拉特的"感知器学习定理"（Perceptron learning theorem）意味着系统能够"记住"它接受过的训练内容，但对于未训练过的输入项，它并不总能够做出处理。

感知器是在 20 世纪 50 年代末发明出来的，但它至今影响着计算机深度学习的方法。感知器旨在学习一组有用的功能，以体现学习型机器所处的环境。深度学习方法主要适用于具有多层处理单元或神经网络的学习型机器。比如说，系统的输入项由输入单元处理，输入单元的功能则由人工智能工程师制定。然后，输入单元的输出项被作为输入项传输到第一层隐藏单元，然后第一层隐藏单元的输出项被作为输入项传输到第二层隐藏单元。这个过程一直持续，直到隐藏单元的最后一层。此时，用最后一层隐藏单元的输出项进行预测，即给出答案。上述过程就是监督式机器学习的过程。

通过神经网络中的一系列节点进行信息处理，可能听起来并不能够得出复杂问题的解决方案，然而，这些深度学习网络能做到的事情着实令人惊叹。实际上，这些深度神经网络能够产生连开发人员都没有预料到的结果。这些神经网络是"黑匣子"机器，人们已经无法解释此类机器做出的决定或采取的行动。这种透明度的缺失是一个相当大的问题，因为它限制了这些智能技术的实用性，而人工智能公司也正在越来越多地关注这个问题。

我在上面简要叙述了人工智能技术，目的在于强调所有人工智能系统都基于同一套核心技术。在选择任何特定技术的人工智能之前，我们都应对主要的设计过程有大致的了解，这样才能展开针对解决特定问题的人工智能的更深层次讨论，例如用于诊断恶性肿瘤的人工智能技术，或者用于面部识别的人工智能技术，它可以判断站在其面前的人和给其提交的护照中照片上的人是否是同一个人。

如果我们不考虑人工智能的物理表现形式，不论是机器人、人型机器人，还是其他造型，单独考虑人工智能的本质以及它是如何完成任务的，那么对人工智能而言，最重要的方面就是其设计过程，因为通过设计过程，我们就明确规定了开发该人工智能所需解决的问题，由此才能得出一个清楚的问题界定与可能的解决方案。如果没有给出明确的问题界定与解决方案，就无法开发出实现开发人员目标的有效人工智能系统。在人工智能系统对信息进行处理时，知识和信息的输入方式决定了特定问题是否能够得到解决。

当人工智能开发另一个人工智能时，从根本上看情况没有不同。在开发人工智能的某个阶段，必须充分说明新人工智能所要解决的问题是什么。现如今已有可以编写人工智能程序的人工智能技术，我们也已经在使用人工智能技术来帮助我们设计人工智能系统，例如 Google AutoML。然而，人工智能的自我复制存在着非常明显且复杂的局限性。因此，人工智能的自我复制离人类水平还有很长一段路。

看清人类智能的全貌

我在前文中给出了一种探讨人类智能的不同方式，并且我也已经讨论了人工智能的基础知识，其中包括区分狭义人工智能和通用人工智能。我已经指出，狭义人工智能并不是真正的智能，此类系统的应用如今正在迅速普及。还有一点需要注意，某些人工智能系统可能能够在智力测试中获得高分。然而，智力测试本来就是一种针对特定领域的测试，其领域就是研究如何完成智力测试。我已经讨论了智力测试用于评估人类智能的不足之处。智力测试将重点放在了一种非常特殊的智能判断方法上，这种方法没有考虑到人类智能的丰富性和多样性，但从今往后，人类的所有进步都离不开这种丰富多样的人类智能。与大多数人工智能一样，智力测试也有很大的局限性。

没有一个狭义人工智能系统的开发人员会认为，他们所开发的系统从整体意义上来说可以模拟人类智能。他们会更多地认为，每个限于特定领域的人工智能系统展现出的智能只针对某个特定领域的特定方面，这个特定领域可能是特定的环境，也可能是特定问题集。有些人可能会称，每个成功运行的狭义人工智能系统都会让我们离通用人工智能和奇点更进一步。因此，如果仅针对智能系统所应用的特定领域，将某例人工智能系统与人类智能相提并论的话，这种比较方式还是可以接受的。这样一来，那些媒体争相报道的人类专家对战人工智能的比赛也就更有意义了。然而，即使是在这种特定领域的测试中，我们也只评估了人类的交织型智能中的第一个要素，而这种评估方式是一种极端狭隘的思考人类智能的方式，这根本不是人类智能的全貌。

我们之所以仅仅因为某样事物能够复制出人类智能中很小的一部分，就愿意称其拥有智能，是因为这几十年来，我们一直过分关注智能的认知方面，即交织型智能中的要素1，而对人类智能的其他6个方面关注得太少了。有很多科研人员和我一样，认为目前推动创新的人工智能系统在很多重要方面都缺乏智能。我之所以关心我们将人工智能系统视为智能的方式是否恰当，是因为我的研究重点是人工智能影响教育的方式。简而言之，如果一位老师，不论是人工智能教师还是人类教师，不能向我解释他对我的孩子或者孙辈做出某个决定的原因，那么作为一位母亲或祖母，我就无法相信他。而当前的人工智能系统就无法解释它们的决策，并且，它们也没有元认知意识。有些开发人员认为自己的技术能够取代人类教师，这种认识存在严重的缺陷。随着我们对人工智能如何做出特定决定的研究不断深入，整个问题也就不仅限于教育领域了。

如今，机器学习系统越来越引起其设计师的关注，因为这些设计师无法理解为什么他们设计的系统会以特定的方式行事，例如，此类系统会以一种我们无法理解的方式去解读人类的面孔并判断他们的性倾向。相较于人类决策过程，这些系统是不是以一种不同的方式做出决策的？我们能从此类机器的决策方式中学到什么吗？或者，这些人工智能系统是不是没有以超出其特定领域限制的情境化方式运作？交织型智能中的要素5和要素6要求我们认识和理解我们所处的情境与我们对其的主观体验，因为即便是在某个特定领域的问题上，这些因素都将影响我们的决策方式。与情境和主观体验相关的数据只有人类能够掌握，机器学习系统无法使用此类数据，因此它们当然会以一种不同的方式做出决策。

美国国防部高级研究计划局（Defense Advanced Research Projects Agency，DARPA）出资开展了一项名为"可解释的人工智能"（Explainable Artificial Intelligence，XAI，有时也被称为AIX）的新研究计划，该计划旨在资助使机器学习能够解释其决策方式的研究。这个计划最大的目标之一是，开发出能够证明其决策合理性的机器学习系统。考虑到自 2018 年 5 月起生效的欧盟《通用数据保护条例》（General Data Protection Regulation），美国国防部高级研究计划局的这个项目启动得特别及时。因为《通用数据保护条例》的第 22 条规定了"解释权"，这意味着欧盟公民可以对算法做出的"合法或类似重大的"决策提出异议，并可以要求对其进行人为干预。

交织型智能中的要素 3 主要涉及个人认识论。在第 2 章中，我讨论了很多相关的研究，此类研究旨在找出认识的认知或者个人认识论的特征及其发展方式，还明确了复杂的认识的认知所需的思维复杂性。我们需要认识到，知识是我们为自己构建的，它与我们所处的情境相关，它是不断发展的，并且具有暂时性。对于合理解释某项决策过程，认识的认知是必不可少的，而机器学习算法又将如何形成这种认识的认知呢？

我们对人类智能的低估导致我们陷入了一个困境。我们制造了非常有用而且复杂的机器，却错误地将这些机器当成智能机器，并且认为它们能够模拟人类智能。现在，我们发现自己在要求这些可怜的系统对它们决策的合理性和原因做出解释，而在设计这些系统之初，设计师们根本就没考虑过这个功能。我们没有意识到，如果需要人类做出有效的、有理有据的决策，交织型智能的全部 7 大元素都是必不可少的。

未来的希望

是的，智能是复杂的，它不仅仅是对世界的认识。然而，我们可以找到一种合适的方法去探讨智能。这种方法能让我们清楚地明白人工智能系统的局限性，也让我们认识到目前我们在世界许多地方所开发的人类智能的局限性。

人工智能的前景是惊人的：它将永远改变我们的世界。那些我们知之甚少的公司所设计开发的人工智能，将渗透和影响每个人生活的方方面面。特定领域的狭义人工智能将帮助我们在医学、科学、农业和许多其他领域取得非凡的成就，通用人工智能或奇点则还有很长的路要走。**跨越奇点以后，人工智能就可以完成人类所能做到的一切，包括重新设计和改进自身，或者设计比自身更先进的人工智能。当下更要紧的问题是，如何开发出能够解释其决策的人工智能系统。**

本章小结

本章提出了交织型智能，不仅为我们讨论智能的复杂性提供了一种恰当的方式，而且使我们认识到人类智能仍然是人工智能无法企及的。为了不断发展智能，我们需要不断提升交织型智能中所有七大要素的复杂性。简而言之，我们需要做到：1）认识世界；2）认识知识是什么；3）知道如何进行社会互动；4）认识我们的认知和知识；5）认识我们所处的情境；6）认识我们的情绪；7）认识我们的自我效能感。

这里概述的七大智能要素交织在一起形成一个整体，其复杂性无法用程度或形状来进行描述。这七大要素中，每个要素都以大量合理而且重要的证据为支撑。交织型智能的发展性质反映了我们会以不同的速度，在不同的时间段将这七大智能要素的形式和复杂性发展到不同的程度。针对不同的学科领域、不同的自然环境和社会环境，不论是就这七大要素中的单个要素还是多个要素而言，我们所具有的相应能力都是不一致的。

科学必须始终努力为实现不可能而努力，人工智能也不例外。因此，我们必须继续探索可解释的人工智能领域，并继续拓宽我们对智能的理解。然而，我们还需要认识到这项任务的艰巨性。而且，关于未来的重大决策权我们应该托付给何人或者何物、这些决策所依据的证据又是什么等，都需要我们对现有的观念进行调整。在第 6 章中，我将探讨人工智能对教育系统的影响，而且将强调我们每个人都亟须培养出对数据和证据更深层次的理解，其中包括如何收集数据、分析数据、从中获取有效信息，以及利用数据做出有效决定。

在下一章中，我将探讨人工智能不断发展可能带来的影响，以及它对我们与人类智能的关系所造成的影响。我将指出，我们需要时刻关注人类智能，并且在一生中都需要不断对其进行发展和培养。

给学习者的启示	1. 我们用于识别、讨论和评估人类智能的方法是贫乏的。由于缺乏此类方法，我们面临着减弱而非增强人类智能的风险，而人类自己正是这个世界上最宝贵的资源。 2. 每个个体的交织型智能的具体构成都是独一无二的。交织型智能具有发展性，这种发展既不是单个要素线性发展，也不是所有要素齐头并进，而是一起以不同的速度发展。

MACHINE LEARNING AND HUMAN INTELLIGENCE

THE FUTURE OF EDUCATION FOR THE 21st CENTURY

第二部分

PART 2

用人工智能解锁人类智能

MACHINE LEARNING
AND HUMAN
INTELLIGENCE
THE FUTURE OF
EDUCATION FOR
THE 21ST CENTURY

05
如何利用人工智能开发人类智能

2017 年夏天，我有幸在悉尼大学工作一个月。在此期间，澳大利亚广播委员会（Australian Broadcasting Commission，ABC）播出的一档电视节目让我觉得很有意思，节目名叫《人工智能竞赛》（The AI Race）。节目给出了一项研究数据，这项研究涉及人工智能自动化技术增加澳大利亚失业率的风险。这些数据显示，教授们可能只有 13% 的工作岗位会被自动化取代，而木匠则预计会有 55% 的工作岗位被自动化取代。看到这个结果，我感到松了口气。澳大利亚广播委员会记者探索了各种各样的工作，并采访了各行各业的员工，听取了他们对此的看法。例如，卡车司机弗兰克认为司机需要通过经验和直觉去判断路上的行人或者其他司机的行为，而自动驾驶汽车无法做到这一点。自动驾驶汽车既无法为在路边抛锚的其他司机提供帮助，也无法在需要交付货物时提供客户服务。因此，他绝对不相信人工智能会很快取代他的工作。

记者还调查了其他行业，例如法律专业从业人员。人工智能律师助理能在短短的几秒内，从成千上万的文件中找出某个特定文件中的一条特定条款，这种能力简直让法律专业的学生自叹不如。由于他们接受的教育没有跟上自动化时代的步伐，因此法学院学生都斥责这种落后于现实的教育。一方面，我们有弗兰克，他不相信人工智能可以取代他；另一方面，我们有一群法律专业的学生，他们认为人工智能已经可以做很多他们正在学习的事情。人工智能将大范围取代人们的工作，然而，似乎没有人关心他们应该如何更好地为此做好准备。

因此，我开始考虑如何说服人们，让他们认识到他们需要不断提升人类智能，只有这样，才能在人工智能技术不断渗透的工作场所中不被淘汰。我们将专业能力拓展到人工智能无法实现的程度，这可能是我们未来成功的关键，也就是说，我们独特的人类智能品质将成为我们最宝贵的资源。在上一章中，我提出了一种用于思考智能的方式，这种方式有助于我们认识到人类智能具有多个要素。我们还需要重新设计我们的教育和培训体系，确保人们能够获得足够的知识和技能，从而使他们能够有效地利用人工智能开展工作，并能够不断发展自己的人类智能以在人工智能渗透的工作场所中立于不败之地。我在下一章中将会探讨人工智能对教育的影响，但在本章中，我将把重点放在介绍如何利用人工智能来帮助我们开发自己的人类智能上。

谁动了我的智能

如果想一次性与很多人交流，让他们认识到在这个快速变化、人工智能无处不在的世界中，他们需要不断培养好奇心，以便让自己时刻清楚自己的智能状态并确保其不会被时代淘汰，那么撰写一本自助书可能是一个很好的选择。在我试图寻找一本成功的自助书作为参考，想着这种人工智能方面的自助书到底应该如何构建框架时，我偶然发现了《谁动了我的奶酪？》（*Who Moved My Cheese?*）这本书。

《谁动了我的奶酪？》围绕 4 个角色展开了一则故事：两只小老鼠——嗅嗅（Sniff）匆匆（Scurry）与两个小矮人——哼哼（Hem）唧唧（Haw）。他们 4 个一起生活在一个迷宫中，并且都在这个迷宫中寻找奶酪，奶酪代表着幸福和成功。他们寻寻觅觅，终于在奶酪 C 站发现了大量奶酪。哼哼和唧唧对这种状况非常满足，并制订了他们每天可以吃多少奶酪的分量表。他们享受着奶酪，也享受着奶酪 C 站带来的安逸时光。但嗅嗅和匆匆从未放松过警惕。终于有一天，可怕的事情发生了，奶酪 C 站的奶酪吃完了。嗅嗅和匆匆并不感到意外，因为他们早已发现奶酪量越来越少了。为接下来在迷宫中的艰苦搜寻，他们之前就已经做好了充分的准备，并且已经开始了新的搜索，很快他们就在一个新的奶酪 N 站发现了大量奶酪。相比之下，当发现奶酪 C 站的奶酪吃完了的时候，哼哼和唧唧感到很生气。哼哼说："谁动了我的奶酪？"哼哼和唧唧变得越来越生气，觉得自己受到了不公正的待遇。哼哼不愿意再去寻找更多的奶酪，而是整天怨天尤人。唧唧愿意再度出发，但对自己的能力缺乏信心，于是他花了一些时间来鼓起勇气，然后开始了寻找新奶酪的征程。

唧唧进入迷宫开始寻找，虽然他仍然对未知的前路感到担忧，但沿途找到的一些奶酪屑让他坚定了信心继续寻找。终于有一天，唧唧找到了奶酪 N 站，里面全是美味无比的奶酪。他反思了自己的经历，并决定将自己的所思所感所悟写在迷宫中最大的墙上，希望哼哼有朝一日也能够开始动身寻找新鲜的奶酪，下面就是唧唧写的 7 条信息：

谁动了我的奶酪

1. 变化总是在发生：他们总是不断地拿走你的奶酪。

2. 预见变化：随时做好奶酪被拿走的准备。

3. 追踪变化：经常闻一闻你的奶酪，以便知道它们什么时候开始变质。

4. 尽快适应变化：越早放弃旧的奶酪，你就会越早享用到新的奶酪。

5. 改变：随着奶酪的变化而变化。

6. 享受变化：尝试去冒险，去享受新奶酪的美味！

7. 做好迅速变化的准备，不断享受变化，记住：他们仍会不断地拿走你的奶酪。

虽然整个故事为激励人们拥抱变化所做的比喻有些生硬，但这本书在20世纪90年代非常受欢迎。不过，这本书也受到了相当多的批评，比如，对改变所持的态度过于积极；作者将人与迷宫中的老鼠进行了不恰当的对比，这种态度着实傲慢。无论我们对变化持有何种态度，过于积极也好，过于消极也罢，无论你的观点是像弗兰克那样，还是像法学院学生那样，我们都很难否认，变化必然会发生。因此，我认为唧唧在墙上写的那些话仍然是有价值的，并且针对我们当前面临的人类智能困境，我将奶酪迷宫墙上的7条信息做了调整，以重申这些信息的价值。修改后的信息如下：

谁动了我的智能

1. 变化总是在发生：他们总是不断地制造出更智能化、功能更强大的计算机。

2. 预见变化：随时做好迎接更强大的人工智能系统的准备。

3. 追踪变化：经常反省自己的智能水平，以便知道自己是否掉队。

4. 审慎适应变化：你在将人类智能所处理的任务转移到人工智能系统上时越审慎，人工智能就越能帮你提升你的智能的复杂性。

5. 改变：随着新挖掘的潜能和更多样化的人类智能而变化。

6. 享受变化：去享受开发人类智能的过程，去尝试提高人类智能复杂性的更多方法。

7. 时刻做好变化的准备，享受不断发展的人类智能，记住：他们仍会不断地制造出更智能化、功能更强大的计算机。

在我们目前的困境中有一种巧妙的讽刺。这种讽刺不仅仅是因为命运弄人，而是源于我们自己，好像我们亲手创造了某个事物，却没能认识到它的美好之处。我们创造了人工智能技术，一些人认为此类技术能够处理的任务属于人类的智能范围。我们虽然创造了人工智能技术，却削弱了我们对人类智能的理解。然而，事情还有转圜的余地：正是由于我们特定的设计人工智能技术的方式，使我们现在可以用它来开发人类智能，并且比人工智能技术发展自己的智能的方式和程度更深更广，从而使我们能在智能水平上始终领先于人工智能。前面这句话究竟是什么意思呢？

让我们先从人工智能擅长的领域开始。人工智能技术擅长处理海量数据，并在这些数据中查找特定模式。这些模式可能使技术能识别特定人脸，或者在数百万个文档中查找特定文本，抑或针对某个病症的描述去制订最佳的治疗方案组合。且不说人工智能系统不受食物、睡眠和健康状况的影响，单是这种高效、稳定的处理海量数据的能力，就是人类无法企及的。如今，既然我们的一言一行、一举一动都形成了数据，既然我们已经被关于人类数据的海洋所包围，那我们不如就直接利用人工智能来处理这些数据，让它们找出人类智能发展的模式，从而让我们获知更多关于人类和人类智能的信息。

将人工智能作为"人类心智记录仪"

悉尼大学的朱迪·凯（Judy Kay）教授及其同事正在开发几款界面，他们将其称为学生个人分析界面（iPALs）和教师个人分析界面（iPATs）。他们的研究目的是为了让人们，不论是学生还是老师，都找到一种与他们的个人数据及其分析进行互动的好方法，从而不断发展他们的智能水平。这个项目有点类似于那些研发追踪人们身体健康设备的项目，因此，学生个人分析界面和教师个人分析界面可以被视为某种简化的"人类心智记录仪"。如果我们能够收集关于我们智能互动和社会互动的数据，能够收集有助于追踪和理解我们的智能水平和身心健康水平的数据，那么我们是否就能够研发出类似于人类心智记录仪的设备，来帮助人们将注意力集中在特定任务上呢？我们是否能够研发出某种警示设备，每当人们分心的时候就提醒他们不要走神呢？我们是否能够研发出某种激励设备，每当人们有所懈怠时就给出恰当的反馈以增强他们的动机呢？

当学生做出某些特定的可观察的行为时，教师需要对引发此类行为的不可见心理过程做出判断。作为我们观察到的行为的补充，我们还需要精心设计一些评估问题，然后通过向学生询问这些问题，来揭示他们是如何进步的。然而，作为教育工作者，我们非常清楚，学生们在校与我们一起度过的时间十分有限，而他们生活中所发生的事情又很多，方方面面都会给他们的学习造成一定程度的影响。在此我并不是说，我们需要多管闲事，去了解学生的个人生活和社交生活的隐私细节。我的意思是，我们需要将对学生的理解纳入具体情境中去，这种理解方式需要能够反映他们在课堂之外的世界中发生的与学习相关的互动。学生们在校外时间里发生的一切对他们的学习能够产生巨大的影响，如果我们能够更多地了解学生所处的具体情境，那么就可能增加对他们的学习所产生的影响。

2017 年 5 月的《经济学人》称，"数据是数字时代的石油"。我们无处不在使用身份卡，我们刷卡进办公室、在食堂刷卡买午餐、刷卡登录计算机系统下载书籍或与同事进行线上交流，再加上闭路电视摄像头的拍摄，我们的一切活动都被捕捉并记录下来，成了可用于分析的数据流。我们自愿提供的私人数据甚至更多，提供渠道包括社交媒体发布的推文照片，各种软件、语音交互界面，例如苹果公司的 Siri 和亚马逊的 Alexa 等，以及可能已经购买使用的大量物联网设备。物联网指由物理设备、智能家居产品以及其他内置有电子设备的物体所构建的网络，这使所有物体能够相互连接并进行数据共享。和我们自己相关的数据量已经大到惊人了，而大多数时候，我们都不知道这些数据是如何被收集上传到云端进行存储和处理的。这些还不包括我们通过各种教育类平台和应用对学生有意收集的信息。

然而，就像石油是原油，必须以各种方式进行提炼，才能生产出一系列从汽油到塑料等产品那样，我们也需要对数据进行提炼，而这个提炼过程正是我们能用得上人工智能的地方。当我们将大数据和人工智能技术结合在一起，真正有意思的事情就发生了。正是这种正确的数据与精心设计的人工智能技术相结合的方式，将有助于人类智能的发展。

借助人工智能处理海量数据

交织型智能清楚地表明，没有机器人或人工智能能拥有人类同样的智能。就我个人而言，我不相信将来人工智能能拥有人类同等水平的智能，但有许多科学家不同意这种观点。对于人工智能是否存在奇点，我在此就不进一步赘述了，因为关于这方面的讨论已有很多非常好的研究报告。因此，在下文探讨人工智能的局限性时，我指的都是我们目前可以实现的各种最前沿的人工智能。

设计对的问题

我在上一章阐述了交织型智能的七大核心要素，并指出了这七大要素对于人类智能至关重要，因此我对当前人工智能的智能水平的判断也是基于这七大要素。当然，我确实相信如今的人工智能已经非常强大，并且仍旧在飞速发展。对交织型智能而言，人工智能擅长的领域是要素1，即多学科和跨学科的知识和理解。在这个领域，人工智能是佼佼者。对于处理庞大数量的数据，人工智能的精确程度和速度远非人类思维所能及。那么，我们如何才能将人工智能的这种超强数据处理能力应用于我们现在可以收集的所有数据，从而开发出人工智能无法企及的更复杂的智能呢？

答案就在于我们要设计出对的问题，之前我在第1章中已经讨论过这一点。在第1章中，我强调了人工智能的关键不仅在于实现人工智能的技术，而且在于我们如何分析问题以及制订相应的解决方案。我们事先分析问题，然后利用人工智能来解决问题，这种方式的前提就是需要提对问题。有了对的问题，我们才能进一步收集真实有效的证据，进而做出合理的判断。

对的问题将引导我们得出想知道的答案，当然，我们需要首先知道自己到底想知道什么，才能提出对的问题。例如，我可能会担心我是否能够有效规划自己的工作进度，尤其是能否规划出足够的时间去评改学生的作业。如果进一步分析我的目的，就可看出我还想知道，通过分析已经掌握的关于我的工作模式的数据，对于规划出评改学生的硕士论文所需的时间，我的能力是否有所提升。因此，我需要提出恰当的问题。在这种情况下，我可能会这样描述我的问题：在过去 3 年中，我规划的评改学生论文将用的时间，与我评改这些论文所用的实际时间，两者之间的出入是否有所减少？然后，我需要查寻已有的相关数据，看看是否有数据能够回答我的这个问题。这就需要我去获取例如电子日记上的信息，如果我在线评改了论文的话，就还需要获取来自学校在线评改系统上的信息。我需要准确记录下我在日记中规划的评改论文的时间，如果没有在线评改系统，那么我还需要记录我在过去 3 年中评改论文所用的时间。无论如何，尽管可能存在一定的错误，但这个关于规划的评改论文所用时间的问题相对而言比较简单，如果幸运的话，相关的数据也很容易获取，因此这个问题回答起来应该不是什么难事。

现在，假设我发现，我在规划评改论文所需时间上能力越来越差了。展开分析时，我所提的问题是我的规划能力是否有所改变，而这个问题的答案无法用于解释我的规划能力为什么越来越差了。因此，对于我究竟应以何种方式展开对数据的研究，我需要在提出问题时更加审慎。除了有关我评改论文时的表现等基本信息外，我们还需要其他方面的信息，例如论文篇幅、论文数量、论文议题的复杂程度、给出的分数范围、我对学生研究的熟悉程度、完成评改论文的时间、我上一次吃饭的时间，等等，所需的信息根本列不完。

但是，我也可以将原来的问题修改一下，如下所示：在过去 3 年中，有哪些因素影响了我规划的评改论文所需的时间？这样一来，我需要展开的研究就会变得更复杂。这仍然是一个相当简单的问题，但通过回答许多类似的问题，并将这些答案结合起来，就能对我的元认知规划技能有一个整体性认识。

想要展开有效的数据分析，必须先设计问题，但在此之前，我还需解决一个至关重要的问题，那就是如果问题成功解决的话将会是什么状况，事先我需要对此有个概念。只是笼统地试图以一种比较平衡的方式提高所有智能要素的复杂性是不可行的，因此我需要认清自己将优先发展哪些要素。比如说，智能要素之间的相互关联性意味着，如果我的元认知智能得到提升，那么我的元情境智能也会随之提升，反之亦然。然而，当我提高我的元认知智能和元情境智能的复杂性时，可能会无暇顾及自己的情绪状况，因此我的元主观智能可能会减弱。我需要非常清楚自己想要将各种要素提升到何种复杂程度，并了解各个要素的优先等级，从而针对我的个人数据设计问题。

如果将提升智能要素的复杂性类比为运动就会直观得多，因为训练的完成情况大部分都很容易观察到。当然，我们需要牢记，智能的很大部分都无法像运动表现得那么直观。考虑到这种限制，所以我将其类比为运动，方便解释为什么说对"我们想从数据中获得什么答案"和"为什么我们想知道这个答案"有一个清楚的认识是至关重要的。

　　几年之前，有一位年轻人找到我，为他公司的产品寻求帮助。他正在开发一种自适应学习系统。这种情况很常见，有很多人都在试图开发良好的自适应学习系统。然而，这位企业家有点特殊，因为他曾经是一名职业网球选手，而且他希望将他曾受益的训练方法应用到设计自适应学习系统上来。当初作为一名职业网球选手时，他的目标很明确：拼尽全力，提高自己在世界网球选手中的排名。想要实现这一目标，他就必须赢得许多比赛。但要实现这个目标，并不是制订出一份仅针对各种比赛的训练计划就够了，他不仅要记录下睡眠和饮食，而且需要花很长时间在健身房健身以保持健康的体魄，他还需要确保他的精神状态是积极的、充满动力的。不仅如此，他还需研究他比赛的每一项技能：发球、反手拍和正手拍。并且，他需要知道每场比赛中他的对手有哪些强项和弱项。他的训练制度涉及方方面面的要素，但一直以来他都知道成功的样子，尽管他的训练制度中许多内容似乎都和打网球没什么太大关系。如今，他开发的系统也涉及学习者各方面的行为，从他们的睡眠和饮食，到他们的适应力、自信程度和毅力等。

　　在我们利用数据和人工智能来帮助我们提升人类智能的复杂性时，以上方式同样适用。我们需要对自己想要实现的目标有一个清晰的认识，还要知道我们如何才能实现这个目标。在教育术语中，我们将自己正在取得进步的方式称为"进展模型"（progression model）。我将在下一章讨论人工智能的影响，并对人类智能重新概念化，届时我将继续讨论进展模型这个话题。

　　对于我们的智能，我们需要从数据中获取什么样的证据，此类问题的提出需要建立在我们究竟想要获取何种智能要素的信息以及如何理解此种智能要素的基础上。例如，如果我们想要获取和要素 1 或与要素 5 相关的证据，即与我们对各个学科和跨学科的知识和理解或对于上述知识和理解我们所持的情绪相关的证据，两者所提出的问题将有很大不同。

对于人工智能将如何帮助我们发展人类智能，我们如今需要回答一个关键问题：**面对我们与世界互动时所产生的海量数据，我们应如何识别出自己所需的证据，并确保此类证据和人类智能的单个或者多个要素的发展密切相关？**

针对这个问题，在我展开进一步的讨论之前，我想先探讨一些和数据有关的重要问题。

识别可用的数据

数据无处不在。在这个技术渗透的世界中，只要我们使用技术，就无法避免留下记录，而离开技术，我们又几乎寸步难行。从理论上讲，这意味着我们拥有海量的数据来帮助我们更多地了解自己智能的发展。但是，在展开进一步研究之前，关于每个人的信息，哪些才是可以用于研究的，什么人才有资格获取此类信息，这些重要的道德问题都是需要事先讨论清楚的。

之前朱迪·凯和我试图设计一款针对学生和老师的个人分析工具，我们就用户界面进行了讨论，我们当时认为，该项目若想取得进展，前提就是，这些界面通过分析用户上传的数据所得到的结果只供用户本人使用。在美国 inBloom 中心所发生的事情让我们深深认识到数据处理不当的严重后果，也让我们意识到，我们需要做大量的前期工作来让人们同意他们的数据被使用的方式。inBloom 的主要目的是为美国各州存储、整理和汇总学生的各方面信息，然后将这些经过整理的数据提供给受批准的第三方去开发教学类工具，如此一来，教育工作者就可以轻松使用这些数据。然而，许多家长担心 inBloom 所收集的数据可能会带来安全隐患，使他们的孩子暴露在危险之中。由于公众的强烈抗议，该机构被迫关闭。[①] 这种前车之鉴让我们充分认识到问题的严重性，而且这件事情突出了这样一个事实，即我们必须做大量的前期工作，才能确保人们认可他们的数据所被使用的方式。即便像 inBloom 那样使用数据的目的是为了改善孩子们的教育，也要事先确保人们对其是认可的，尤其在使用和处理和孩子们相关的数据上更是如此。

前文中提到，《经济学人》的一篇文章认为"数据是数据时代的石油"，这引起了人们对以数据交易为主的大型科技公司的关注，例如 Facebook、Alphabet 和亚马逊等，此类公司掌握着大量数据，因此也拥有着海量数据所带来的巨大影响力。在这个数字化的世界，这些公司几乎拥有每个人的数据。这些数据拥有着巨大价值，不仅因其数量庞大，而且因为此类数据经过这些公司的处理和提炼之后能够得出很多结论，比如人们在购买什么、在搜索什么、在与谁联系，等等。

这些公司的影响力越来越大，必须对它们有所约束和削弱，否则我们将不可避免地要面对个人数据市场和数据提炼的垄断。学术研究人员的主要工作也是借助于人工智能来处理教育类数据，从这些数据中收集、整理、提炼和提取出意义。由于缺乏投资资金，且需要遵守道德标准和规章制度，所以

---

① 参见 2014 年麦坎布里奇（McCambridge）对此给出的详细解释。

此类学术群体开展相应研究时受到了很多阻碍和限制。确实，所有人工智能在教育类应用的设计和获批上都需要遵守一定的道德标准，但对人工智能在教育类应用的开发上也应获得更多的资金投入。并且，大型科技公司也必须和科研人员一样，共同遵守相应的道德标准。

个人数据和数据算法招致滥用的可能性很大。在没有得到明确知情许可的情况下从人们那里收集个人数据，这种缺乏透明度的做法和其他一些不当的做法一旦为人们所知，就不可避免地会削弱人们对人工智能的信心。很显然，只有当人们受过和人工智能相关的教育并具备影响人工智能发展的技能时，才能明白自己所授予的知情许可意味着什么。另外，人们可能会有意识或无意识地对人工智能存在偏见。从整个社会的角度来考虑，我们需要让每个公民都能够掌握自己个人数据的来源和去向，我们需要向他们展示如何利用这些数据来为他们自己获取利益，并为他们提供相应的工具，去仔细审查针对这些数据所设计的算法或者至少是这些算法的决策基础。**使用人工智能来处理个人数据也必须受到监管，以确保其公正性，并且即使数据处理的过程由于某些商业原因不能公开具体细节，数据处理的目的也必须保持公开透明。**

关于增加人们对人工智能相关知识的了解的必要性，我将在下一章中继续深入探讨。我之所以在这里引入这个话题，主要是因为想让我们认清这样一个事实，即我们需要加大个人数据的监管力度、增加其透明度，以此确保我们能利用这些数据以我在上文提到的方式来提升人类智能。

把要求表述得更加具体

假设知情许可的问题得到妥善解决，并且我们也已经让人们相信通过获得他们的个人数据能够让我们帮助他们更好地了解、发展他们的智能，而这一切都是为了他们自身的利益。下一步，我们就需要决定采用何种人工智能技术，这种技术需要能够帮助我们找到和我们各个智能要素相关的最关键证据以及如何发展这些智能要素的优质证据。

我在前文中已经指出，为了在已有的数据中展开对我们所提问题的研究，我们还需要知道什么样的证据才是真实有效的。换句话说，我们需要知道智能的每个要素之中以及所有要素之间到底有何种联系。如果我们可以描述出如何识别不同级别的智能的复杂性，那就应该能够在数据中找到证据。这种任务听起来像是能够进行机器学习的人工智能尤其擅长的任务。首先，我们用一些人的单项智能要素的数据或者多项智能要素的数据来对人工智能进行训练，然后让人工智能系统在海量数据中寻找类似的数据模式。随着人工智能系统接触的数据越来越多，它们处理数据的能力应该也会得到相应的提升，并且能够在此类数据中找到更多的共同点，而不仅仅受限于其所接受的训练中的数据模式。甚至，它们可能能够找出我们从未设想过的数据模式。这一切听起来非常直白，但实际上却并不简单。

然而，这个计划存在一个重大缺陷。我们将某个人单项或者多项智能要素的数据交给人工智能系统之后，该系统经过分析，会判断出此人的智能发展所具有的复杂程度已经达到某种水平，但我们的要求不仅如此，我们还需要人工智能对其判断做出解释。对于我们的智能水平，如果人工智能无法解释它为何做此判断，那么我们又将如何知道我们需要在哪些地方做出改进，以提升我们智能的复杂程度呢？例如，如果某个人工智能系统判断出我只有简单的个人认识论，并且完全不解释它是如何处理我的数据并得出这个结论的，那么我又将如何对症下药，进一步提升我的智能呢？

这是我在上一章中讨论过的可解释的人工智能问题，这也是机器学习无法让我们对人类智能有更深认识的原因。可解释的人工智能研究项目取得的一些进展或许能够改变这个现状，但至少就目前来说，我们需要找到另一个方法来解决这个问题。

一个可能的解决方案就是：在要求机器学习型人工智能在海量数据中找特定模式时，我们可以将我们的要求表述得更加具体。

设计合理的智能标志

问题分解法是将复杂问题分解为几个子问题，然后予以各个击破的过程。这种方法属于一种经典的计算技术，人工智能研究人员经常用到这种方法，取得的效果也很好。当利用人工智能在大量数据中寻找和我们智能要素相关的证据时，我们同样可以采用这种方法。

在过去的几年中，我与同事马诺利斯·马夫里基斯（Manolis Mavrikis）和库洛瓦一起展开了研究，我们对各种数据进行了审慎的分析，希望能够以这种方法来识别学生学习中的各类证据。现在已经有很好的由人工智能驱动的应用程序能够跟踪学生在特定学科中的表现，例如物理或数学。当学生在解决问题或者做练习的时候，此类系统就能够通过学生与软件之间的互动来识别学生所给答案的对错。然而，在有些项目小组中，并非所有的学生都使用了计算机软件，因此库洛瓦、马诺利斯和我想将此类系统的能力扩展到追踪项目小组的学习情况上来。如此一来，这些应用程序将能够适用于学生们以团队的形式合作解决问题或完成任务的情况，例如设计某个玩具或者某种新型书包等。我们的研究目的在于，识别出协作解决问题的成功行为所具有的特征。之前系统所处理的任务是，从学习物理学中某个特定概念的数据中识别出学生如何掌握某个物理学问题的相关证据，相较之下，我们所研究的则是一项复杂得多的任务。我们的最终目标是设计出一个可用于处理数据的学习分析系统，并且能够针对学生们在协作解决问题的活动中所取得的进展，为教师提供相关信息。

我们知道此类学习分析系统需要处理在嘈杂的教室环境中收集到的数据，所以我们不能依赖于语音识别和分析。因此，我们想知道我们是否可以从教室收集的数据中识别出某些身体行为特征，而这些数据又与我们之前识别出的协作解决问题时所具有的特定行为特征的关键部分相吻合。于是，我们提了以下两个问题：

1. 在协作解决问题时，在各个不同的小组之间，学生的非语言和身体互动是否存在可观察到的差异？
2. 如果存在差异，非语言和身体互动的哪些方面可以作为学生取得优秀团队活动表现的合理预测因素？

就学生协作解决问题的小组活动而言，我们可以获得的数据包括学生们的手部动作与每个学生在特定时刻眼睛所观察的方向。

　　现有研究证据表明，在考量学生协作解决问题时的表现时，他们与其他人活动的同步性可以作为一个有效指标。因此，我们设计了相关研究问题，其中涉及在教室收集的数据中寻找与学生的手部动作和注视方向的同步性相关的证据。我们对这些数据进行研究，看我们是否能够识别行为的同步性，并检验这种同步性是否会根据学生协作解决问题的不同表现而发生变化。我们的研究证据表明，由第三方人类评估员评定为具有高水平协作解决问题效能的学生，表现出了与同伴之间的手部动作和注视方向的高度同步性。由此，我们得出结论，学生手部动作和注视方向的同步性均可被视为协作解决问题时的行为标志。虽然我们仍需要做更进一步的研究，但有足够的证据表明，此项研究的深入进行将取得我们期待的结果。

　　库洛瓦、马诺利斯和我所做的研究工作可以被描述为"数据科学"。数据科学是一个快速发展的研究领域，其研究内容包括分析顾客行为、人们在选举中的投票偏好等。与智能发展相关的数据科学通常属于教育数据挖掘或学习分析研究的范畴。进行此类研究的研究团队的研究成果也有很多可以用来作为识别智能的各种标志，他们所用的分析技术也可以为我们研究智能要素提供借鉴。

　　对大部分教育数据挖掘和学习分析领域的研究人员来说，他们分析教育相关的海量数据通常都是为了预测未来。我将在下一章中更详细地探讨相关问题，当然，我将把重点放在教育本身。我们在此讨论的是智能标志，值得注意的是，教育数据挖掘领域的研究人员也一直在开发新的工具，来识别此类数据中的特定模式。同样，学习分析领域的研究人员也采用了自动分析的工具，在分析数据时也进行了人为干预。

设计出合理的智能标志是一项极其艰巨的任务，尤其还要使其不仅能让我们更深入地了解我们的智能，而且能够帮助我们和我们的学生进一步发展智能。不过，我们可以把此项任务分解为几个小型任务各个击破，包括：设计对的问题、识别可用的数据，以及设计可以从数据中提取问题答案的标志。

我们最初提出的问题是：如何在我们收集的关于我们在世界中的互动的数据中，识别和人类智能要素相关的证据？经过上面对智能标志的探讨，我们可能会得出结论，那就是我们可以重新构建这个问题。该问题可以如下表述：在关于我们在世界中的互动的现有数据中，我们智能发展的标志究竟有哪些？

标志是数据经分析后输出的信息，可以认为是已在该数据中识别出特定行为的证据。标志可以很简单，也可以复杂得由多个简单的标志组成。我们可以使用某组原始数据得出相应的标志，也可以将原始数据整合在一起得出标志，并且不同的数据组合可以得出不同的标志。例如，关于学生手部动作的数据能够产生一个关于学生手部动作及其同步性的简单标志。如果我们将这个简单标志与另一个关于学生注视方向的简单标志结合起来，那么就形成了一个复杂的标志，而对于协作解决问题的行为特征，这个复杂标志能够给出更多的信息。

一旦我们通过实证研究确定了一组标志的有效性，就可以将其作为机器学习型人工智能的训练数据，然后利用人工智能系统快速处理和我们的交互行为有关的大量数据，并识别这些数据中的类似标志。一旦我们确定了一组标志，就可以使用其他人工智能技术来构建我们的各种智能要素以及不同智能要素之间相互作用的动态计算机模型。我们可以将这些动态计算机模型精心设计成可视化界面，使我们能够与之交互，这类似于朱迪和我为学生个人分析界面和教师个人分析界面所设想的交互方式。然而，提供和我们智能相关的信息这件事本身并不足以帮助我们提高每项智能要素和七大智能要素之间的复杂性。我们还需要运用我们所掌握的其他信息，例如人们的学习方式、优秀教师的教导方式等，从而帮助我们有效利用人工智能和大数据能够提供的人类智能信息。

讲到这里，你很有可能会问："那人类心智记录仪呢？"没错，不论是对单项人类智能要素还是对所有七大智能要素的标志来说，记录仪可能都不太适合作为类比了，因为这些标志太过复杂。使用记录仪作为类比是否合适，如果将来这种记录仪真的研发出来的话，这种设备是否有效，这些都将取决于我们是否能够在追踪人类智能时准确认清优先等级。我认为，不同的人，甚至同一个人在不同的年龄阶段，想要优先发展的智能要素都是不同的。如果我们想要找到一个普遍适用的智能发展指标，那么准确的自我效能感可能是一个不错的选择。准确的自我效能感可能类似于许多健身设备所使用的计步器，它像是一种衡量智能健康的通用标准。

本章小结

在本章中，我探讨了交织型智能的含义，它正是我们不同于机器人和其他人工智能技术的地方。我的目的在于，探讨我们如何利用人工智能技术来提高人类智能的复杂程度。人工智能技术本身无法为人类提供丰富的智能资源，这主要是因为人工智能无法了解自身，它们既不能解释或证明自己的决策，也没有自我意识。然而，如果我们将大量数据和精心设计的人工智能系统结合起来，就可以将其用来追踪人类智能的发展。如果我们能够追踪智能的发展，就可以利用我们对学习和现有教育技术的了解，来开发新的技术以帮助我们不断发展人类智能，而这种智能模式是机器人和人工智能无法企及的。我们可以为人们提供一种了解他们智能的直观途径，就像之前人们无法清楚地知道自己的健康和锻炼之间究竟有何种联系，直到 Fitbit 和 Misfit 这类设备的出现，才让人们有了一个直观的认识。我们是否可以通过人工智能技术来提供这样一种直观途径，帮助人们理解他们所有智能要素的发展呢？

我在前文中提到，澳大利亚广播委员会播出的一档电视节目揭示了从事不同职业的人们对自己的工作是否会被人工智能取代持有不同程度的担心和看法。然而，让我感到惊讶的是，人工智能即将大范围取代人们的工作，许多人却对应该如何做好准备缺乏足够的好奇心。这也让我决定为人工智能时代人类应如何应对写一本自助书。在寻找热卖的自助书作为参考时，我偶然发现了《谁动了我的奶酪？》。通过阅读这本书，我总结出或许对人们有所裨益的 7 条信息。

人工智能所形成的困境既美丽又危险。我们以自己对智能的理解创造了人工智能技术，在此过程中却削弱了对人类智能价值的认识。但是，我们能够利用人工智能以一种超越其自身发展的方式来发展人类智能。我们可以收集海量数据，囊括我们的每句话、每个动作和每个行为，然后利用人工智能技术来处理这些数据，从中寻找人类智能发展的模式，从而让我们获得对自己和自己智能发展的更深层次的认识。想要使人工智能以一种有效的方式处理我们所有的数据，就需要我们针对这些数据提出对的问题。然而，人工智能无法解释它是如何对这些数据进行分析的，因此我们事先要为人类智能设计出合理有效的标志，然后再利用人工智能在数据中寻找此类标志。如此一来，这些标志就可以作为我们分析人类智能的基石，在此基础上，我们能够识别智能的发展，并能解释为何我们能够拥有自己想要的特定类型的智能。

一组精心设计的标志可能会有助于我们追踪自己的智能发展，类似于我们利用设备追踪自己的健康状况。然而，在追踪智能发展之前，我们要决定其优先等级。比如说，对大多数人而言，追踪其智能发展时，将重点放在自我效能感上不失为一个最佳选择，因为自我效能感就像大多数人的健身设备上的计步器，能够提供最基础的信息。

在下一章中，我将探讨利用人工智能来帮助人们随着智能的不断发展而发展，使他们不会因为过时的"智能"定义而逐渐落后于时代。如果我们的教育体系得到完善，那么我们将永远不会觉得人类已经拥有足够的智能，而是会利用人工智能不断发展人类智能。

给学习者 的启示	1. 正确的数据与精心设计的人工智能技术相结合的方式，将助力于人类智能的发展。 2. 我们需要加大对个人数据的监管力度，增加其应用目的的透明度，以此确保我们能利用这些数据来提升人类智能。

MACHINE LEARNING
AND HUMAN
INTELLIGENCE
THE FUTURE OF
EDUCATION FOR
THE 21ST CENTURY

06
如何利用人工智能增强未来学习

学习是成功和智慧的圣杯。如果我们善于学习，世界就尽在我们的掌握之中，我们也能够不断进步。能否学习也是将现代人工智能与早期人工智能（Good Old-Fashioned AI，以下简称 GOFAI）区分开来的标志。约翰·豪格兰（John Haugeland）于 1985 年出版的《人工智能概念探微》（*Artificial Intelligence: The Very Idea*）一书首次引入 GOFAI 这个名称。GOFAI 指的是在采用神经网络之前的人工智能技术。人工智能系统 AlphaGo 在 2016 年 3 月击败围棋高手李世石（Lee Sedol）的原因就在于 AlphaGo 极其擅长学习。如果我们想要以上一章中所探讨的方式来发展智能，学习能力就是成功的关键。学习能够帮助我们发展我在第 4 章中探讨的全部智能要素。因此，我们必须有效利用我们的教育体系和培训体系，确保每个人都能做到善学善思。

人工智能时代中的学习

在第 1 章中，我探讨了维果茨基的最近发展区理论，该理论认为，对人的发展及其智能的发展影响最大的是人际互动。身为教师，此类互动环境正是我们需要营造的重点。我们还必须锻炼学生和教师的系统 1 思维和系统 2 思维。系统 2 是系统、理性的，也是我们的智能存在之处，但系统 2 本质上是懒惰的，并且如果没有系统 1 的直觉思维，系统 2 也会失去方向。系统 1 包含了一系列很有价值的能力，只有在系统 1 的基础上，我们才能够通过不断练习来获得"习得性关联"（learned association），能够拥有识别物体、感知他人的感受、阅读简单文本等能力。在系统 1 的心理作用下表现出来的行为通常不在我们的控制范围之内，并且看起来像是自动发生的，但实际上，此类行为都是诸多实践的结果，它们也是我们丰富的人类智能的基础。

因此，教育系统采用的教学方式需要考虑到学生系统 1 和系统 2 两种思维的发展需求。这种教学方式需要重视系统 1 包含的种种能力，同时需要让学生不受其影响，并尽力激发系统 2 的行为。这种教学方式将能够使学生们的学习和智能得到有效提升。尤其重要的一点是，教育系统必须鼓励教师注意发展学生的系统 2 中的理性子系统，该子系统不仅能够使人们不盲从于他们的偏见，而且能使系统 1 得到一定"看管"，系统 1 就像个精力旺盛的小孩，很容易犯错。在第 2 章和第 3 章中，我将理性子系统思维与自我效能感的概念联系起来，并强调系统 2 中的两个子系统都是人类智能的基础。如果我们过度重视算法子系统，就会削弱理性子系统的发展，从而削弱学生的智能潜力。对于个体能力的预测，传统的智力测试仅衡量了系统 2 的算法子系统的能力，相较而言，一个得到良好发展且功能强大的理性子系统才能做出更准确的预测。

如今人们身处一个人工智能日益渗透的世界，因此我从一开始就认为，在教育和培训领域，我们要利用一些进展模型来不断提升所有智能要素和智能要素之间的复杂程度。为了成功地将这些进展模型落到实处，我们必须对人类的思维有一定程度的认识，这些基本认识包括以下3个方面：1）直觉型心理过程使我们能够通过实践将某些知识和技能内化成自动处理的模式；2）算法心理过程使我们发展出深入的理解和复杂的技能；3）理性的元级别心理过程帮助我们培养对自己的深入认知。在教育和培训领域中，我们使用的进展模型同样可以作为评估的基础，用于衡量各种智能要素的发展。然而，在落实进展模型以及确定如何评估此类学习方法的效果之前，我们首先需要考虑自己应该学些什么，这样我们才能知道自己应该教些什么。

以智能为基础重新设计学习内容

我在上一章中提到了澳大利亚广播委员会播出的一档电视节目《人工智能竞赛》，该节目强调，人们需要利用人工智能的强大功能来提升人类自身的能力，使其更加多样化。该节目指出，人工智能或许能够成为人类的"钢铁侠套装"，使人类变身成为"超人"。这个比喻很好，谁不想成为超人呢？但是，积极接受一个人工智能加持的工作环境，并不像穿件新装备那么简单。我们需要对学习、教育和培训领域的运作方式和所学内容做出改变，我们对教育工作者的培训方式也需要做出改变，而且这些改变都是巨大的。因此，想要在短时间内完成这种转变是不可能的。我们需要仔细考虑，从现在开始到今后人工智能无处不在的世界，我们究竟该如何转变才能不被时代淘汰？

首先，对于教授和培训人们哪些方面的能力，我们需要有一个更明确的规定。如果想要在人工智能增强的未来世界中不断成长，人们需要掌握哪些知识和技能呢？其次，想要提升我们知识和技能的多样性，就意味着我们需要有相应的教育工作者和培训师来开发新的教学大纲，而这些教师本身必须已经掌握了这些知识、技能以及教育方式。然而，我们正在面临全球教师短缺的问题，这些教育工作者和培训师又将从哪儿找呢？谁又能培训这些教育工作者和培训师，使之获得培养学生所需的新知识、技能和专业知识呢？

现在我们就触及了问题的核心，即教育体系和教育工作者必须能使学生为人工智能世界做好准备。教育工作者的工作方式将迎来重大的变化，倒不是说教师的角色会被自动化系统所取代，而是说他们教授的内容和教学方式将发生巨大变化。糟糕的是，针对教育工作者需要培训人们哪些专业技能，专家们还没有达成明确的共识。对于我们究竟需要优先发展人类哪种智能，我们可以用交织型智能作为指导。

人工智能世界的必备技能

在人工智能应用更广泛的未来世界中，人们需要掌握哪些知识和技能？为了回答这个问题，我将其解读为"谁动了我的智能"，并在上一章中对其进行了探讨。我探讨了我们应该如何"动"学生的智能，才能冲破传统的学术认知过程，让他们的交织型智能中的全部七大要素都得到发展。在此，为了便于参考，我将重申"谁动了我的智能"中的 7 条信息。

1. 变化总是在发生：他们总是不断地制造出更智能化、功能更强大的计算机。
2. 预见变化：随时做好迎接更强大的人工智能系统的准备。

3. 追踪变化：经常反省自己的智能水平，以便知道自己是否掉队。

4. 审慎适应变化：你在将人类智能所处理的任务转移到人工智能系统上时越审慎，人工智能就越能帮你提升你的智能的复杂性。

5. 改变：随着新挖掘的潜能和更多样化的智能而变化。

6. 享受变化：去享受开发人类智能的过程，去尝试提高人类智能复杂性的更多方法。

7. 时刻做好变化的准备，享受不断发展的人类智能，记住：他们仍会不断地制造出更智能化、功能更强大的计算机。

所谓的"21世纪人类必备技能"有许多个版本，大部分版本都有一些共同点，但也总有一些差异。例如，2015年世界经济论坛（World Economic Forum）发布了《教育新视野：释放技术潜能》（*New Visions of Education: Unlocking the Potential of Technology*）报告，该报告将21世纪所需的技能分为3类。

- 基础素养（Foundational literacies）：它使学生能够在处理日常任务时应用相关核心技能，包括传统读写素养、数学素养、科学素养、信息通信技术素养、金融素养、文化素养和公民素养。

- 能力素质（Competencies）：它将帮助学生应对复杂的挑战，包括批判性思维、解决问题的能力、创造力，以及沟通和协作。

- 性格特征（Character qualities）：它将帮助学生掌握如何应对他们所处的不断变化的环境，包括好奇心、积极性、毅力、适应性、领导力，以及社会和文化意识。

伯尼·特里林（Bernie Trilling）和查尔斯·菲德尔（Charles Fadel）在 2009 年合著出版的《教育大未来：我们需要的关键能力》（*21st Century Skills: Learning for Life in Our Times*），在很多地方都被引用过。在这本书中，作者提出的关键能力与上述报告中的略有不同。与世界经济论坛一致的是，两位作者也将他们提出的 21 世纪关键技能分为 3 类。

- 学习与创新技能（Learning and innovation skills），即学习共同创造，包括"知识技能彩虹图"、学习如何学习和创新的能力、批判性思维和问题解决技能、沟通和协作，以及创造力和创新能力。

- 数字素养技能（Digital literacy skills），包括信息素养、媒体素养，以及信息通信技术素养。

- 职业与生活技能（Career and life skills），包括灵活性和适应性、积极性和自我指导、社会和跨文化互动能力、生产效率和当责感，以及领导力和责任感。

这两个例子也说明，对于哪些技能才是关键技能，专家们缺乏共识。所有这些技能听起来都很不错，但它们更像观点，并不能直接为设计教育和培训体系提供良好的基础。而且上面这些说法还有一个问题，那就是在"技能"一词的使用上。在教育领域存在着一场旷日持久的激烈辩论，一方认为教师应该帮助学生熟练掌握各个方面的技能，而另一方则认为知识才是人类进步的阶梯，因此我们应该将教育的重点放在让学生们获得更多的知识上面。我认为这种辩论实在没有什么必要，甚至让我们有些偏离了重心，因为知识和技能是无法真正分开的。我们需要知识才能掌握技能，同样需要技能才能获得知识。因此，对于这场辩论，我将不做探讨，而将重点放在我在第 4 章中提出的七大智能要素上，并且我还将强调，我们既需要以知识做铺垫的技能，也需要以技能做后盾的知识。为了便于参考，接下来讨论到表 4-1 中的每个要素时，其定义会在相应标题下方再次出现。

要素1：学术智能

> **关于世界的知识。知识和理解都涉及多个学科领域，具有跨学科的性质。知识和信息有本质区别，但我们常常将二者混淆。我们亟须分清它们。**

建立跨学科的知识体系并将此理解应用于周遭世界，这种能力是发展出深刻理解的基础，也是当今世界上许多教育体系的关注重点。如何对我们的教育体系做出改变，使之能确保学生的交织型智能中的要素 1 也得到充分发展？这需要我们从教学方式和教学内容上着手。

针对特定学科的知识和技能，如何根据教学大纲展开教学，这方面已经有许多优秀的教育文本材料提供了良好的建议。针对如何教授跨学科知识和技能，也有相关材料给出了一些有用的建议。

黛西·克里斯托杜卢（Daisy Christodoulou）在 2014 年出版了《关于教育的 7 个伪理论》（*Seven Myths about Education*），这本书对英国政府制定学校政策和教学大纲产生了很大影响。克里斯托杜卢提出的第一个伪理论是"事实阻碍理解"。她给出了从认知科学中获得的相关证据，证明了为什么事实对理解来说是重要的，而且有趣的是，她的证据来源于对人工智能的早期研究。她采用了最开始由约翰·安德森（John Anderson）于 1996 年提出的狭义的智能定义："智能的全部内容就是对许多小单位的知识进行简单的累加和调整之后所产生的复杂认知。智能整体就是各个部分的总和，但它的组成部分确实有很多。"

克里斯托杜卢的目的并不是批评真正的概念性理解和高阶技能发展，她也承认这些是教育的目标。她想要指出的是，事实和各学科的内容并不是此类教育目标的对立面，而是它们的一部分。卢梭、杜威和弗莱雷（Freire）这样的学者都认为事实是理解的敌人，克里斯托杜卢认为这是不对的。对于事实的重要性，克里斯托杜卢引用了赫布·西蒙（Herb Simon）、约翰·斯威勒（John Sweller）、约翰·安德森等的研究成果，而我早期在萨塞克斯大学开展对人工智能的研究时，也接触过这些学者的研究。她建议，对于事实的教学方式应该围绕着训练长期记忆来展开，以此来帮助我们弥补有限的工作记忆的不足。我们想要做到这一点的唯一方式就是，通过死记硬背的方式来将规则和信息强加给长期记忆。例如，我们可以将信息归并在一起，然后利用背景知识和规则来将其存储在长期记忆中。

我认同学习事实在教育中的重要性，也认同只有在长期记忆中清晰地储备大量的知识，才有助于我们更好地施展诸如创造力和解决问题的能力等高级技能。然而，事实只是人类智能的一小部分，因此我们也不应过分夸大其重要性。如果教育体系重视事实，并且只重视不断练习的教学方式，那么就只发展了学生的系统 1 思维和系统 2 思维中的算法子系统。正如我们在第 1

章和第 5 章中所讨论的那样，如果我们要发展智能的复杂性，就必须加强我们的系统 2 思维中理性子系统的发展。

以知识为基础的教学大纲只发展了学生的智能要素 1，而这根本不足以帮助我们在智能上胜过机器人。相反，这种做法将会为人工智能敞开大门，由于在处理这些和智能要素 1 相关的事务上，人工智能要比人类优秀得多，就会导致人工智能大量取代人类的工作。例如，由英国教育部于 2014 年颁布的中小学英语课程大纲中有一块新的核心内容涉及对母语阅读和写作的学习，大纲要求学生要能够识别句子中的各项语法成分。此类知识并没有揭示文本材料的丰富内涵，而且学生原本可以对文本材料产生智能和情感上的互动，这种互动会随着情境和用语的变化而变化，这些才是学习的重点，上述教学内容只会分散学生的注意力。

还有一个类似的例子是，英国小学数学课程要求学生记住 100 以内的质数。识别质数可能仅仅需要做一些记忆训练，然而这种方式却让人忽视了数字系统的神秘和美丽，而这种原始的神秘和美丽原本也能够引起人们的情绪反应。否则的话，为何在世界各地许多文化中都存在"幸运数字"这一概念呢？只是单纯地知道有哪些质数根本无助于学生理解质数在密码学等领域的广泛应用。

我之所以认为克里斯托杜卢所建议的教学方式对未来教育体系而言是非常危险的，还有第二个原因。这种以知识为基础设计的教学大纲，其背后的理论是建立在针对记忆（工作记忆和长期记忆）的研究以及对由人工智能开发人员早期提出的学习模型的研究之上的。这样一来，这种教学方式所构建的课程大纲与我们构建人工智能系统的方式并无二致，这样无异于以己之短攻彼之长，因为我们只发挥了人工智能的优势，而没有发挥人类智能的优势。如果我们继续把教育体系的重点集中在人工智能最擅长的事情上，那就等同于放弃了人类智能所能获得的所有辉煌。

人工智能十分擅长执行知识获取的常规认知技能。如今已经有许多机器学习系统，它们处理和学习信息的水平远非人类所能及。像 IBM 沃森这样的系统的学习能力、获取知识的能力远远超过人类所能达到的水平。沃森能够处理、储存大量信息，并且能够在需要相关信息时快速检索。它还能够从博客、报纸、报告等各种出版物中获取大量信息。沃森所采用的人工智能系统能够通过自然语言处理来对上述文本信息进行语法、关系和结构分析，从而提取文本意义。对于任何特定的领域，例如医学或金融，沃森的人工智能系统都能使用这种处理方式来学习该领域的语言、建立该领域的知识库，然后编出该知识库的索引并对其进行归纳和组织。然后，相关领域的专家会对沃森进行培训，通过将需要解决的问题和沃森所处理过的信息相联系，来让它解决问题和回答问题。例如，我们可以向沃森询问简单的事实类信息，如："1066 年在黑斯廷斯战役（Battle of Hastings）中被杀的是哪位国王？"我们也可以提更复杂的问题，如："治疗焦虑的最佳方案是什么？"在这种情况下，沃森将在其知识库中搜索，找出焦虑的个体的详细信息，并在其知识库中匹配出各种可行的治疗方案。同时，它还会在这个知识库中搜索相关的证据，给出不同治疗方案的有效性。

对于在中小学和大学存在的教学问题，这种人工智能所具有的能力可能是一把双刃剑，既可能引起一种严重的困扰，也可能给出一个解决方案。正是由于人工智能系统拥有这种快速学习和获取知识的能力，所以我们可以利用它们来帮助人类发展此类知识，学习此类事实。

对于教授学科界限非常明确的科目，例如那些通常属于科学、技术、工程和数学（以下简称 STEM）教育类课程的学科，开发出教授此类科目的人工智能系统相对而言比较简单。理解事实仍是这类学科课程的一个重要环节，而此类人工智能系统能帮助学生建立相关的认知。当然，我们也可以利用人工智能来帮学生们构建对此类科目的深层次理解，从而与其他智能要素联系起来，培养出学生个人认识论的基石。其中一些人工智能系统是以人工智能科学家，例如安德森、西蒙和斯威勒等的研究成果为模型来构建的，克里斯托杜卢所提出的教学内容和教学方法也是基于此类研究成果。

类似于由卡内基学习（Carnegie Learning）这样的机构开发的系统都通过不断评估每个学生的学习进度来提供个性化辅导。根据表现优异或优良的学生共有的心理过程，研究人员构建出了人工智能计算机模型，而上述评估过程就是以此类模型为基础的。如今，越来越多教育领域的人工智能系统已经不再受限于教授 STEM 类学科的知识，还扩展到诸如语言等科目，例如 Alelo 公司于 2018 年开发的文化和语言学习类产品就将由人工智能技术支持的虚拟角色扮演应用于体验式数字学习。很多公司，如总部设于英国的世纪科技公司（Century Tech），还利用机器学习技术来开发学习类平台，对此类系统进行训练时，开发人员使用了由神经科学家们提供的信息，使该系统能够跟踪学生的交互情况，其中包括每次的鼠标移动和击键。世纪科技公司开发的人工智能学习平台会利用学生、学生所在的年级组和学校提供的全部数据，在此类数据中寻找模式和相关性，从而为学生提供个性化的学习之旅。此类学习平台还能够为教师提供仪表板，让他们实时了解班上每位学生的学习状态。现在，研究人员很有可能可以开发出一款人工智能系统，可以用来教授大多数国家的中小学和大学所有领域的课程。因此，**如果我们将教学工作降级至仅帮助学生记住事实和规则，并仅以此来建立中小学和大学所有学科领域的关键知识体系，那么教师这份职业终有一天会被人工智能所取代。**

对于学生，我们应怀有更大的信心，应认识到我们能做的不仅仅是帮助他们从标准学术类课程中获得知识、掌握技能。所有教育工作者都应该认识到，这些是远远不够的。如今，我们可以将这些和开发智能要素 1 相关的工作越来越多地交给人工智能，这就意味着，我们必须开发出新的教育体系，让人类教师能够用其专业知识将教育的重点放在开发学生的其他智能要素上。

要素2：社交智能

> **社会交往的能力。社会互动是个人思维和群体智能发展的基础。人类的社交水平是人工智能无法企及的。社交智能中同样包含元层面，我们可以以此来发展对自己社会交往的调节能力和意识。**

人工智能圈内有很多关于人工智能的讨论，其中包括：人工智能究竟意味着什么；它现在能够实现什么，不能实现什么；以及它将来能够实现什么，不能实现什么。迈克斯·泰格马克针对此类议题做了很多相当有说服力的讨论。人们普遍认为，人工智能不擅长社会互动。然而，人类却擅长此道，因此能够做到在社会互动上超越人工智能。政府有责任确保在制定和教育培训相关的政策时，为学生的社会互动提供足够的机会，从而帮助他们建立对世界更深层次的了解。这对于个人智能发展和群体智能发展都很重要。这种群体智能能够超过各部分的总和，这也是人类和人工智能的不同之处。

在正规教育和培训环境中，社会互动可能具有一定挑战性。教育工作者能够认识到社会互动的重要性，但课程大纲设计者或者教育体系监管者并不总能做到这一点。或许正是这个原因，导致教学实践中的社会互动不如人们料想的那么普遍。例如，1999 年高尔顿（Galton）等人经研究发现，在相当长的一段时间里，分成小组坐在一起的儿童只有约 14% 的时间参与到了协作学习活动中。贝恩斯（Baines）等人于 2003 年，卡特尼克（Kutnick）和布拉奇福德（Blatchford）于 2013 年均在针对英国学校 5 ～ 16 岁的学生中开展的研究中发现了类似的模式。其他国家的研究报告，例如 1996 年韦布（Webb）和帕林斯卡（Palincsar）针对美国学校的研究，也得出了类似的调查结果。经济合作与发展组织在全球范围开展的"教师教学国际调查项目"在 2013 年的调查报告同样证明了协作学习的方式在教学中很少用到。该调查结果显示，在接受调查的 34 个国家中，平均只有 8% 的教师表示他们在所有课程或绝大多数课程中会使用小组协作方式进行教学，也只有 40% 的教师表示他们会比较常用协作学习的方式。

英国国家科技艺术基金会（Nesta）于 2017 年发布的一份报告指出，教学体系中采用协作解决问题的学习法通常存在以下障碍：

1. 协作解决问题的学习法无法很好地融入普遍以考试为驱动的教育体系和课程大纲。

2. 教师们不仅面临着繁重的工作量，而且教学任务对他们合理利用时间和施展教学技能的考验也是巨大的，要同时开展协作解决问题的学习法实在非常困难。

3. 对于协作解决问题的学习法到底会给学生带来多大益处，教师们可能持怀疑态度。教师在其报告中指出，课堂失控、课堂进度中断次数增多、学生分心的行为增多是他们不愿意在课堂上使用协作解决问题的学习法的主要原因。

4. 对于在课堂上开展协作解决问题的学习法，教师接受的培训不够，同时也缺乏足够的信心。

5. 学生可能缺乏协作解决问题的能力，并且学生合作的能力存在不确定性。

6. 学生对协作解决问题的学习法也有一定程度的担心，因为与同龄人合作可能是一件带来风险和情绪压力的事情，共同合作可能会导致争吵、持续冲突，并在公共场合引发尴尬局面，有些孩子可能本身就不喜欢和别人合作。

为了在 5 ～ 14 岁的儿童中提高协作小组完成任务的有效性，研究人员与教师们合作开展的一项"SPRinG 计划"就是一个很好的例子。该计划的研究结果表明，"SPRinG 计划"对所有参与其中的学生都产生了积极影响，这些学生在学业表现和学习能力方面均取得了显著的进步，并且学生的行为和互动也发生了变化，这些变化也解释了为什么学生会在学业表现和学习能力方面取得进步。教师们在报告中还指出，参与该计划对他们的教学实践、课堂管理以及学生都产生了积极的影响。"SPRinG 计划"中所用的方法是为了促进协作而展开的，并且围绕着 4 个关键原则构建。

1. 仔细关注课堂和小组的物理组织形态和社会组织形态，例如将小组的数量、规模、稳定性和组成成分纳入考量。

2. 通过开展小组活动来发展学生的社交技能、沟通技能和高级团队合作技能，从而发展学生的小组合作技能。这种合作技能以建立包容性的关系为基础，让学生与班级中的所有孩子共同协作。

3. 设计和构建具有挑战性的任务，使协作小组有工作可做，使"协作"名副其实。

4. 需要有教师或其他成人参与其中，为协作小组完成任务做指导、促进和监督等支持性工作。

我们很难确定影响协作解决问题的学习法的有效性的关键因素具有哪些确切的性质。但是，我们可以确定几项经常被认为能对成功起到关键影响的因素。这些因素包括：协作解决问题时小组所处的环境，小组的组成成分、稳定性和规模及各组员解决问题的技巧和社交技巧，以及教师所接受的培训。

卢金（Luckin）等人在 2017 年所做的报告中提到，想要有效开展协作解决问题的学习法，人们就必须做到以下几点：

1. 能够十分清晰明确地表述、解释他们的所思所想；

2. 能够重新构建、理顺并加强自己的理解和想法，以提高他们对自己已经掌握了哪些知识以及未能掌握哪些知识的认知；

3. 能够在表达自己所思所想时调整表述方式，这就要求个体需要能够猜测他人所持的见解；

4. 能够听取他人的想法和解释，通过聆听，个体可能会意识到自己之前未能理解的领域；

5. 能够通过处理他们从别人那里听到的想法，将其内化为自己新的理解，并能够详细阐述出来；

6. 在小组共同构建理解和解决方案时，个体能够积极参与到此类想法和思维的构建中去；

7. 能够通过提供复杂的解释、反证和反驳等来合理有效地解决冲突，并对相反观点做出反应；

8. 当小组内部成员因为对概念理解不一致而产生内部认知冲突时，能够及时寻找新的信息来解决此类冲突。

由经济合作与发展组织所统筹的国际学生评估项目认为协作解决问题的能力是一项重要能力，因此将其纳入了 2015 年的评估计划中。当结果于 2017 年年底公布后，经济合作与发展组织教育和技能部部长安德烈亚斯·施莱克尔（Andreas Schleicher）强调说，教育体系应该更好地帮助学生发展此类技能。

国际学生评估项目的结果表明，那些在科学、阅读、数学等方面表现突出的学生，在协作解决问题的能力的评估中也倾向于表现良好。然而，这些结果还引出了一个全世界都关注的问题，即在来自所有国家的学生中，即便是那些表现最佳的学生中，协作解决问题的能力达到高水准的人数也相当之少。在高水平的协作解决问题的能力方面，即使是新加坡的学生有时候也很难满足各项要求，数据显示，只有不到 20% 的学生能够在国际学生评估项目协作解决问题的能力评估中达到高级 4 级。这就表明，如果我们想要确保人们拥有在工作场所与他人合作所需的知识和技能，教育工作者要做的还有很多。

当然，协作解决问题的学习法之所以如此重要，还有另外一个原因，那就是它要求个体有能力为其决策提供合理性。对人工智能系统来说，这几乎是不可能的，因为虽然它们能够协同工作，但无法整合各个特定领域的智能，因此也就无法证明其决策的合理性。

总而言之，不论是对个人还是对社区而言，社交智能都是人类智能的核心。**政策制定者和教育工作者有责任为人们提供足够的社会互动机会，并且需要将更多此类机会纳入我们的教育体系之中。**例如，如果协作解决问题的学习法经过精心设计、结构优化后作为社会互动纳入教育体系，则不失为一种很好的教学和学习方式。因此，我们需要培训教育工作者在教学实践中有效合理地利用社交智能。

人工智能想要获得协作解决问题的能力是很困难的，几乎可以说是不可能的。不同的人工智能系统可以协同工作，但它们既无法实现社交层面上的互动，也无法为它们所做的决策提供合理的解释，而这两点恰恰是良好的协作解决问题者所必备的能力。这就意味着，在协作解决问题的任务中，虽然人工智能在某些问题解决的环节能够拥有良好的表现，就像之前我们讨论过的沃森的任务处理能力那样，但此类人工智能无法完成协作解决问题的整个过程。

然而，人工智能可以帮助人类学习如何更好地协同工作以解决问题。针对如何利用人工智能帮助人们学习协作，已经有了相关研究，其中包括自适应群体的形成、专家引导、虚拟代理和智能调节。例如，维斯卡伊诺（Vizcaíno）于 2005 年开发了一个智能虚拟代理软件，它可以作为一个虚拟同伴或一个人工智能学生，它拥有和接受相同课程进度的学生类似的理解水平。像这样的虚拟代理学生可以用于引入新的想法、阐明信息或者激励学生。人工智能代理也可以扮演专家或导师的角色，为一组学生答疑解惑。由范德堡大学（Vanderbilt University）的团队于 2014 年开发的系统"贝蒂的大脑"（Betty's Brain）则采用了一种略微不同的方法。例如，在这个系统中，人类学生可以协同工作，一起教授人工智能学生，而这些虚拟学生可能会犯一些概念性错误，需要人类加以纠正。

接下来，我们将讨论元智能要素，即要素 3 到要素 7。

要素3：元认识智能

对知识的认识。它是认识的认知，或称为我们的个人认识论。对于知识是什么、认识某事物意味着什么、何种证据是真实有效的、如何基于证据和所处情境做出正确合理的判断等，我们都需要发展出健全的认识。

复杂的个人认识论涉及学习识别什么是真实有效的证据，以及如何根据证据做出判断，从而构建我们的知识体系。对于知道和理解某事物究竟意味着什么，我们的个人认识论是核心，而且它有助于我们掌握智能要素 1。

然而，我们如何引导自己，使自己能够拥有高级而复杂的个人认识论，这个问题并不简单。我在第2章中讨论的证据表明，即便是哈佛大学的本科生，也可能只拥有非常简单的个人认识论。如果没有教育工作者和培训师的大力支持，学生们就很难发展出高度复杂的个人认识论。

我向本科生教授编程的经验使我明白，在引入初始概念时，我需要尽量简化，这样才能更好地让他们自我培养出处理更加复杂任务的能力。因此我认为，在刚开始让学生建立一种简单的个人认识论，即认为某些客观现实就是知识，这种方式是可行的。然而，这只能是让他们通向更复杂的理解的踏脚石。我们与"客观现实即知识"的概念之间的关系，应当被简单地视为一种能使我们整合某类事实素养的工具，以此为基础，我们可以获得进一步的发展。维果茨基曾提出，日常概念对于我们高级思维的发展至关重要。丹尼尔·卡尼曼也论证了我们系统1的自动思维对于我们系统2的智能思维是至关重要的。同样，上述的基本事实素养对发展出复杂的个人认识论而言可能也是至关重要的。

想要提升、发展学生们最开始拥有的简单的个人认识论，就需要我们认识到他们对以下两点所持的看法：一是知识源自何处，二是在单个学科领域内与各个学科领域之间，知识如何被论证。如果我们希望他们能够获得跨学科的知识和理解，那么他们和他们的教育者也都需要认识到他们发展中的认识论具有不连贯性和不一致性。

我在第2章中讨论过，我的博士生凯特琳娜·阿弗拉米德斯开展了一项研究，此项研究证实了人们往往很难说清楚他们所持的信念，尤其是他们持有这些信念的原因。例如，阿弗拉米德斯研究项目中的被试大学生会指出，知识是不确定的，但是他们无法解释自己为什么会持有这种信念。这一发现意味着，学生可能会给出一些证明他们拥有更加复杂的个人认识论的观点，但这种复杂的个人认识论却在他们参与实验时很难被证实。因此，评估很明显受到了的影响。

阿弗拉米德斯于 2009 年开展了一项研究，证明学生对知识本质的看法至少在初期会受到教学的影响，这与先前的研究结果一致。这项研究还指出，学生获得材料的方式尤其会影响学生对该材料所具有的确定性、权威性或模糊性的看法。学生更倾向于接受并采纳由他们的老师给出的观点，而不是拒绝甚至质疑此类观点，这很容易理解。

学生质疑教师提出的观点，这种行为并不总是会受到鼓励。因此，在教授各科目的知识时，教师应该对自己树立智能权威的方式有清楚、谨慎的认识。教师还需要意识到，我们在智能上的优势可能会降低学生对多个观点进行批判性整合的能力，因此也会削弱他们构建自己知识和理解的能力。关于情境的重要性，阿弗拉米德斯的研究结果和其他相关研究结果是一致的，即从学生对知识及其来源的看法能够得知，他们的理解与特定的情境紧密相关。该研究结果应该能提醒我们，在对学生的个人认识论进行评估时需要十分谨慎，因为未能将情境纳入考量的评估注定得不出准确的结果。我们不仅要考虑学生们表达的观点，而且要考虑他们在特定情境中的行动所表现出来的证据。

辩论是帮助学生发展出复杂的个人认识论的绝妙方法。例如，斯科特（Scott）于 2008 年发现，辩论过程不仅能够帮助学生获得学科类知识，而且能够提高他们分析和阐明论据的能力。德索沙（D'Souza）于 2013 年发现，辩论能带动学生进行更深层次的学习。针对某个特定主题所展开的正式辩论过程，会在辩论开始之前将正反两方观点都呈现给观众，并邀请观众进行投票，这种辩论方式已经被纳入教育体系长达数十年之久。例如，美国的普林斯顿大学（Princeton University）于 1769 年组建了极具影响力的辩论社——美国辉格会（American Whig Society）。苏格兰的圣安德鲁斯大学（University of St Andrews）于 1794 年组建了英国第一个学生辩论社，紧随其后的是于 1815 年由剑桥大学组建的剑桥联合会（Cambridge Union Society），据称该联合会是世界上持续至今的历史最悠久的辩论社。

教育体系内的辩论多数都设立在一些独立的中小学和大学之内。然而，一家总部设于英国的"辩论伙伴"（Debate Mate）慈善机构提出了一个独特的计划，该计划主张利用辩论来教学并解决英国长期缺乏社会流动性的问题。该计划通过辩论俱乐部教授学生如何进行辩论以及如何收集、整理证据以证明或驳斥某个论点。即便有时候他们并不赞同自己辩护的立场，也必须能够有效地组织和表达他们所收集的证据。该计划有很多优点，它具有包容性、有趣、性别平衡、可持续，又极为高效。有证据证明，无论学生受教育背景如何，该计划都能够使学生的进步程度加快。该计划的课程首先会针对个体进行全面培养，课程极其重视人类独有的能力，教授思维方式、就业技能等，因为自动化系统无法复制此类能力。自 2008 年以来，"辩论伙伴"已经为超过 25 个国家的 50 000 多名年轻人、5 000 名专业人员和 1 500 名教师提供了相关培训。该机构为教师提供的培训课程，旨在帮助他们开设辩论俱乐部，并将辩论纳入其教学之中。

我们在第 4 章中提到，美国国防部高级研究计划局出资展开了一项研究计划，旨在找到使人工智能技术能够解释其决策的方法，这突出了一个事实，即复杂的个人认识论是人工智能，尤其是机器学习所无法拥有的。然而，像 IBM 沃森这样的人工智能系统确实能够整理大量证据，并选出最具影响力和权威性的数据来源。结果的准确性将取决于我们给沃森提供的信息，以及用于训练沃森掌握整理、构建和学习能力的数据和算法。然而，沃森并不能理解知识是什么，因此也无法为自己所做的决策辩护。然而，它可以成为人类辩论者的得力助手。对于学习如何通过提对问题来从人工智能处理的海量数据中获得最佳结果，它也能够成为我们的利器。

2018 年 2 月 27 日英国皇家学会（Royal Society）在伦敦举行的第九届大使人工智能圆桌会议（Ambassadors' Roundtable on Artificial Intelligence）上，约阿姆·修翰（Yoam Shoaham）给出了一个很好的例子，清晰地阐明了人工智能与人类智能之间的区别。修翰使用了下面这句话，说明了人工智能的诸多局限性之一：

> 妈妈，丹尼在学校打了我，所以我也打了他。但是老师只看到了我打他，所以她惩罚了我。这不公平。

连孩子都能够理解这句话，但人工智能却无法理解。这句话中包含的人物信息太过复杂，有些人掌握了其他人没有掌握的信息，即丹尼和说话的主人公知道彼此打了对方，而老师只知道主人公打了丹尼，却不知道丹尼打了主人公；有些人知道其他人没有掌握此类信息，即丹尼和主人公都知道老师不知道丹尼打了主人公；而另一些人则不知道此类信息，即老师并不知道自己不知道丹尼打了主人公。这整件事情存在公平与否的问题，事实上，我们可以围绕教师的惩戒行为是否适当展开辩论。人工智能就很难参与到这样的辩论之中来，但是人类很擅长做这种辩论，经过学习他们还能辩论得更好。这种状况就与处理事实类知识和信息的情况形成鲜明对比，**在处理数据上，人工智能击败我们简直不费吹灰之力。然而，当涉及辩论、给出理由和解释时，人类也可以不费吹灰之力就击败人工智能。**

复杂的个人认识论对人类而言至关重要，因为它能帮助我们从学术研究中获得更广博的理解和更复杂的技能。复杂的个人认识论也是人工智能尚且无法实现的东西。

要素4：元认知智能

包含调节技能。对于正在发生的心理活动，我们需要学习和培养出解读能力。此类解读需要以真实有效的证据为基础，并且此类证据需从我们与世界在具体情境中的互动中获取。

元认知知识和调节技能是我们智能的关键要素，它使我们能够有效地解读和管理自己正在发生的心理活动。就如同我们的学科知识和技能是交织在一起的一样，元认知知识和元认知技能也是交织在一起的，这有助于我们调节自己对元认知知识的使用方式。我们需要不断学习、发展、鼓励和支持元认知。

我们可以将调节元认知视为规划和分配我们的心理资源、监控我们的行为活动、检查我们做的是否合适的过程。但是，针对这些调节过程究竟是如何完成的，为了对相关证据进行解读，我们就需要调用我们的元认知知识。例如，如果我正在面对一份考卷，我需要计划分配给完成每道题所用的时间，那么我只有对自己能回答好哪些题目有一个清晰而准确的认识，也就是我知道自己能在短时间内轻松地给出哪些题的正确答案，才能将时间分配得更好。我们可以将元认知的调节过程称为执行功能，但与所有优秀的执行者一样，首先需要对执行责任中的具体活动有一个全面彻底的认识。这些调节过程还需要通过与我们的元主观智能建立起联系来将我们的感受纳入考虑之中。

元认知智能无法均衡发展，并且一般来说，它与我们的知识和理解紧密相连。举例来说，如果我对生物学的理解比对历史的理解更深、更广，那么相较于我用到历史知识时，我用到生物学知识时的元认知智能可能会更加复杂。

一些有意思的论文指出，如果针对学生的所有能力教授元认知技能和知识意识，很可能就会取得教育上的成功。现在也出现了越来越多的资源，旨在帮助教师将教授元认知纳入他们的教学实践中。例如，创新与卓越学习中心（CIEL）介绍了由施劳（Schraw）和丹尼森（Dennison）所创建的专门针对成年学生的"元认知意识量表"（Metacognitive Awareness Inventory，MAI），旨在培养他们对元认知知识和元认知调节的意识。

布鲁金斯学会（Brookings Institution）提供了一个例子，它对元认知的一个方面，即有意义的自我反思，特别有帮助。这种方法是由一位名叫戴维·欧文（David Owen）的澳大利亚历史老师提供的。他使用一种名为"退场门票"的教学技巧来帮助他的学生解决问题并培养他们的自我分析能力。在每堂课结束时,他都会鼓励学生通过完成3张"退场门票"来反思他们的学习和其中面临的挑战。他用一张红色的票询问他们在今天的学习进程中止步不前的原因,用一张黄色的票询问他们今天遇到了什么样的问题、产生了什么样的新想法,再用一张绿色的票要求他们描述他们理解和学到的内容。这3张票有助于学生思考他们学习的3个关键因素:当他们遇到挑战时如何应对、当他们对某些事情有不同的看法时该如何处理,以及他们什么时候能够学得很好。黄色的票对学生的帮助尤为明显,因为它使学生去深入思考他们的学习方式,而不是学习时间和学习内容。这种"退场门票"的教学技巧适用于所有课程和所有年龄段的学生。

由于学习如何阅读是一项极为重要的活动,因此针对如何开发有益于此的元认知知识和技能,有非常多的优秀策略也就不足为奇了。例如,厄尔-辛迪(El-Hindi)曾在美国开展了一项针对大学生的研究,研究表明,通过对学生进行为期6周的特定元认知策略教学,学生们在阅读和写作方面的元认知意识有了明显的提高。

研究中教授的元认知策略包括:

1. **计划:** 告知学生他们需要确定阅读目的,将阅读材料与已有的知识联系起来,预览文本并对相关问题进行预测;

2. **监控:** 让学生自行提问、独立理解,以此获知他们能否顺利理解文本材料;

3. **回应:** 教授学生如何评价他们的理解、如何对他们阅读的内容做出回应，以及如何将他们阅读的内容与他们之前的经验联系起来。

第二个侧重于阅读能力开发的例子是剑桥国际教育教学和学习团队（Cambridge International Education Teaching and Learning Team）网站上的"交互式教学"（reciprocal teaching）。它基于帕林克萨（Palincsar）和布朗（Brown）在 1984 年所开展的研究，是一种旨在发展阅读理解能力的策略。该策略需要教师在教学实践中使用 4 种关键策略来支持学生进行阅读理解：

1. 提问；
2. 厘清；
3. 总结；
4. 预测。

然后，学生要承担教师的角色，将这些策略教授给其他学生，因此这种方式被称为交互式教学。"阅读火箭"（Reading Rockets）网站于 2014 年发布了《学生变老师：交互式教学》（*Students Take Charge: Reciprocal Teaching*）的一段视频，该视频展示了学生是如何以这种方式展开学习的。

我们的元认知智能不仅需要知道我们对世界的认识，而且需要理解我们将各个部分整合起来构建知识体系的能力到底如何。我们还需要知道在什么情况下可以应用特定的知识，这就意味着我们必须能够将自己的知识按情境分门别类。如果我们想要将所学的知识进行转移，在将我们的学习情境切换到另一种情境后依然能够应用之前学习的知识，那么这种将知识情境化的能力就非常重要了。

元认知智能是当前人工智能无法企及的能力。因此，且不说它对我们发展其他智能要素至关重要，即便是对我们想要在智能方面战胜人工智能来说，元认知智能也是极为重要的。

然而，我们可以利用人工智能来帮助学生提高他们的元认知智能。例如，我和一些同事在 2000 ～ 2007 年开展了一系列研究，我们在这些研究中使用了一个专门开发的软件"Ecolab"，它可以用来评估我们在多大程度上能够支持 8 ～ 10 岁儿童的元认知发展。我们将关注重点放在了这些儿童对他们能够成功完成的任务所具有的难度水平的判断能力上，同时关注面对一系列和情境高度相关的帮助性资源时，他们选择的资源所具有的有效性和适当性。我们还将此类研究的结果反馈给了每名儿童，以便让他们思考自己为什么在难度级别不同的选项中选择特定难度的任务，以及为什么在各种帮助性资源的选项中选择特定的资源。我们在干预前和干预后都进行了评估，在这两次评估中得分提升较大的儿童都是能力较差的学生。

上述并不是个例，实际上，现在有大批教育工作者设计了许多实用工具，旨在将培养元认知技能和知识意识纳入自己的教学实践之中。当前，元认知智能的定义将重点放在了调节技能上面，并强调这是一种能力，而上述研究表明，**元认知智能并非仅适用于基础很好的学生。各种能力基础的学生的元认知智能都可以得到发展。**

要素5：元主观智能

元主观知识与良好的元主观调节技能。"元主观"一词包含了

我们的情绪性知识、动机性知识以及调节技能。我们需要发展出识别自己情绪和他人情绪的技能，并且在对待其他人或者针对某项特定活动（我们的动机）时发展出调节自己情绪和行为的能力。

我们与世界互动时会产生独特的主观体验，而元主观智能就是对此种体验的认识、理解和调节。情绪和动机总是密不可分，因此元主观知识和熟练的元主观调节技能涉及我们智能的情绪和动机两个方面。元主观智能使我们将自己感官的直接体验与我们的情绪相联系，并与其他智能要素结合成一个整体，这个整体要远远大于各部分之和。

不论参与何种活动，成功的学习者都能够识别并调节他们的情绪。他们对自己能够成功完成某项任务所持的信念、对整个任务的掌控程度的感知，以及对这个任务会给他们带来何种长期益处所持的看法，全部都将受到他们的感受的影响。这些信念和自我认知反过来会影响他们的动机与他们调节自己对某项活动所持的感受的能力。

我在前文中提到过，国际学生评估项目针对协作解决问题的学习法的研究得出了一些数据。其中有一个很有意思的发现：在合作时态度更积极的学生在协作解决问题的能力评估中会表现更好。如果我们持有积极正面的情绪，更有可能取得成功，这是很明显的事情，但如果考虑到我们的学习与我们的感受和动机之间的关系，事情就变得复杂了。在元主观智能中，我关注的是我们的主观意识和调节。也就是说，我感兴趣的并不在于人们的动机和他们的表现之间的关系。相反，我感兴趣的是人们能够在多大程度上准确地理解他们的情绪和动机，以及能够在多大程度上调节他们的情绪给他们的行为造成的影响。

针对如何增加学生的学习动机，现已存在大量的方法，并且还有大量的研究证据来证明这些方法是否有效。我在第 3 章中给出了一些这方面研究的例子，并特别指出，一些如布置任务时的描述方式之类的简单事情也会影响学生在参与任务时的情绪体验和动机，从而影响他们完成任务的方式。了解过现代行为经济学中的助推理论我们就会知道，只需要温和助推，就能够轻易说服或者激励人们去实施某一特定行为。

为了培养学生的元主观智能，我们需要做些什么？重点在于提供满足每个学生需求的教学方法。许多人记忆中都会有关于某位老师的美好回忆，而且在多数情况下，至少有部分原因是这位老师知道如何激励我们学习。教师们都明白这一点，他们知道满足学生的情感需求是多么重要。然而，政策制定和课程设计等往往会以学校为基础来整体考虑，这就导致教育方式可能会促进，也可能会抑制元主观的自我信念。

建立自我信念并非仅仅意味着教授人们如何采取积极行动，从而建立起对自己的良好感觉，它还要求我们教授人们以学习为导向，从而使他们能够将失败也视为一种学习机会。**我们不能仅仅通过表扬学习者取得的成就来增强他们对自己的信念，还需要让学习者坚定不移地相信，他们能够通过努力进一步发展自己的智能。**这种方法可能会涉及教授人们养成良好的工作习惯、对正在执行的任务保持专注，以及处理相关的情感反应等。"目标计划"（TARGET programme）是一种针对全班学生的方法，该方法认为课堂结构中有 6 个方面，教师们可以对其进行改善，从而提升学生的自我信念。事实证明，采用了这种教学方法的班级中，持积极学习动机的学生人数明显增加了。还有一个相关的例子是由英国教育和技能部在 2005 年推出的"SEAL 项目"，该项目的理念是建立在沙洛维（Salovey）、迈耶（Mayer）、戈尔曼（Goleman）以及德韦克（Dweck）的研究成果上的。针对如何帮助学生提高自我信念，如何使学生相信只要努力就能够提高自己的智能水平，该项目为教师提供了相关的指导。

主观性是一个复杂的概念，就像与之相关的意识的概念一样，我们能够体验，但却很难定义或者解释清楚。作为人类，我们的意识肯定与我们的主观体验密不可分，但除此之外呢？我既无法解释我们的主观性，也无法解释我们的意识。但我能够认识到，我们对世界的主观体验对于我们理解世界，对于我们的智能都是至关重要的。迈克斯·泰格马克曾说，我们将"把自己重塑为有感知能力的人类"，我赞同这个观点。

当前的人工智能还无法拥有元主观智能，虽然我们无法确定，但很有可能未来的人工智能也无法拥有。我们可以确定的是，人类所拥有的元主观智能足以让所有的人工智能望尘莫及。对于我们为什么要在教育体系中重视对元主观智能的发展，这无疑是一个极佳的理由。

要素6：元情境智能

对于理解我们与周围环境、环境中的各种资源以及其他人的具身性互动，元情境知识和技能都是至关重要的。元情境智能包含生理智能，由此我们得以通过身体的实际体验来与世

界进行交流和学习。元情境智能为我们通往直觉性心理过程架起智能的桥梁，它使我们认识到自己何时会唤醒直觉性心理过程，并评估这种唤醒是否合理。元情境智能还能够帮助我们认识自己是否产生了偏向，以及是否进行了事后合理化。

我们的身心与我们所处的环境、环境中的资源以及环境中的其他人之间的交互，对我们构建知识和理解的方式以及程度能够产生重大的影响。这种生理体验在很大程度上是我们元认知智能的一部分，然而，它还牵涉到学习中更广泛的情境。因此，它本身也是值得关注的。元情境智能不仅包含我们对自己与情境之间的关系的理解能力，而且包含我们对自己与情境交互的调节能力，这种能力使我们在调节时能够成功地考虑自己所处情境的特征和需求。

如果我们想要培养学生复杂的元情境智能，他们要做的就不仅仅是发展他们的情绪和生理智能。我在前文中已经指出，我们所有的元级智能要素都是高度情境化的。例如，我们的个人认识论就具有高度的情境相关性。我们的其他智能要素与我们所处的情境关系紧密，而元情境智能正涉及我们对此关系的认识，它是我们根据所处的情境来调节自己各种智能行为的能力。

2010 年，我开发并发布了一个名为"资源生态系统"（Ecology of Resources）的设计框架，该框架可以帮助技术开发人员和教育工作者构建技术或活动，并且确保他们使用的技术具有一定程度的情境相关性。资源生态系统基于以下对情境的解释，该解释以学习者为中心。

学习者并非处于多种情境之中，而是处于一个单一的情境之中，即他们对整个世界的生活体验属于一种反映了他们与其他人、事物和环境之间互动的"现象学格式塔"（phenomenological gestalt）。我们利用这些资源向学习者提供对世界的部分描述，这些资源充当了一种纽带，使学习者能够构建行动和意义之间的相关性。从这种角度来讲，意义本身就遍布在这些资源之中。然而，学习者处于自身情境的中心并将其互动进行内化的行为，才是重要的核心活动。

为了支持情境化学习，在向学习者提供不同类型的资源时，我们有必要识别和理解学习者和与之交互的资源之间的关系。此外，还有必要探究学习者与这些资源的交互是否受到约束，如果是的话，那么又是以何种方式受到约束的。这种约束被称为"过滤器"。例如，学习者能否去找教师就会受到学校的组织环境及其他与此相关的规则和惯例的约束。

资源生态系统设计框架的结构化流程是迭代式和参与式的，它包含了3个阶段，每个阶段又分为几个步骤。

1. **阶段 1：** 创建资源生态系统的模型，从而识别和组织一些协助形式，此类协助形式是潜在的学习资源；
2. **阶段 2：** 确定阶段 1 中识别出的各种学习资源之中与所有学习资源之间都存在何种关系。确定这些关系在多大程度上能够满足学习者的需求，以及应该如何针对学习者来优化这些关系；
3. **阶段 3：** 开发支持学习的框架并做出相应调整，用框架来帮助学习者

获得成功，并通过调整来改变活动或任务的复杂程度，让学习者能够
更好地完成任务。

我们可以用一个例子来更好地解释这个框架是如何运作的。之前，我们
曾在英格兰东南部的一个学习中心和那里的学生以及工作人员一起用资源生
态系统设计框架做了一个策划，目的是帮助 11 ～ 16 岁的学生为前往伦敦皇
家天文台（Royal Observatory）的旅行做计划。作为其中的一个环节，我们需
要帮助学生们规划他们对技术的使用。例如，我们需要帮助他们识别天文台
的各种资源，并且在此过程中，他们会了解到天文台有定时表演的节目，如
果他们去的话，可能有机会观看关于银河系的节目。

学生们是否能够将该节目作为资源受到时间和规定的限制，时间包括节
目的时间和对银河系的讲解时长，规定包括不允许录音和拍照，这就意味着
学生要将观看的内容记住或者用另外的方式记录下来。他们在天文台记笔记
的能力会受到环境的限制，因为馆内光线并不充足，昏暗的室内环境会影响
书写。但是，如果学生有手机，就可以用手机照明，这样一来记笔记就方便
多了。在听讲解员讲解的时候，因为有其他观众的存在，场馆又规定了如果
有其他人在场，就必须保持安静，所以这种情况也是一种限制，它限制了学
习者将其他人作为现场资源的可能。在设计过程中能够解决其中一些限制，
例如可以考虑使用 GPS 传感器将信息推送到分散在各个地点的学生的手机
上，或者学生也可以选择通过手机上的蓝牙功能来接收额外的关于特定知识
概念的数字化信息。

有研究人员也认为这个框架实用性较强，并对该框架的原始版本做了
一些有价值的增改。例如，马西娅·林德奎斯特（Marcia Lindqvist）在 2015

年使用该框架探索了瑞典学校使用数字技术时遇到的情境类问题。然而，针对元情境智能的教学资源着实欠缺，因此这是一个需要我们格外关注的领域。

人工智能无法拥有元情境智能。然而，人工智能系统有可能能够理解其处理的信息中所包含的微情境。例如，微情境可能会包括新闻报道中某个单词或者短语的语境，而该语境可能是上下文中的语境，也有可能是其他类似的概念文本中的语境。机器人中的人工智能系统可能会拥有来自传感器的信息，这些信息可以帮助它们获得与环境相关的知识，但除了这些简单的输入信息之外，它们并不能真正理解它们在这个世界上所处的位置，更无法理解人类活动和学习时所处的丰富情境。

与人类智能的其他要素一样，我们可以利用人工智能来帮助人类提升元情境智能。**人工智能能够捕获和处理有关我们与世界交互的各种信息，从而帮助我们理解自己与交互的不同资源之间的关系**。例如，我们可以利用人工智能来捕获有关我们运动、锻炼和饮食的数据，并分析这些数据，从而帮助我们更好地掌握自己的健康状况。我们还可以将这些数据映射到和我们学习进度相关的数据上，从而帮助我们探索如何更好地维持我们身体和智能健康之间的最佳关系。

要素7：自我效能感

此项智能要求我们对自己的理解、情绪以及个人化情境拥有一个准确的基于证据的判断。不论是单独处理某项任务，还是与

**他人合作，我们都需要对自己在特定环境中的能力有一个准确
的认识，这样才能够成功地完成任务。对于人类智能，此项智
能最为重要，并且它与其他 6 项智能息息相关。**

自我效能感是人类智能中最重要的要素，也是人们未来学习和工作所
需的关键技能。它需要我们对自己掌握的知识和理解、情绪和动机，以及个
人的主观经验和情境进行基于证据的准确判断。它将其他智能要素整合在一
起，它不仅是以目标为导向的复杂行为，而且远非人工智能所能及。在上一
章中，我们提到了人类心智记录仪的概念，它正是由自我效能感驱动的，与
计步器能够追踪健身过程一样，它能追踪我们的智能状况。

无论是作为个人还是作为团队成员，一个人的自我效能感在他们如何处
理任务、如何应对挑战以及如何设定目标这3个方面发挥着至关重要的作用。
我们可以教授、指导个体的自我效能感。自我效能感需要个体对"自己知道
什么、不知道什么""自己擅长什么、不擅长什么""哪些地方需要外界帮助、
如何获得此类帮助"有一个非常清楚的认识。这种自我认知不仅涉及针对特
定科目的知识和理解，而且涉及个体的身心健康、情绪力量和所处情境。它
是整体性的，并且目前来讲，是人类独有的。

无论对教师还是对学生而言，准确的自我效能感都是至关重要的。我
在第3章中曾指出，研究表明，如果教师拥有积极、准确的自我效能感，那
么学生也将拥有更好的学业表现和更强的学习动机。自我效能感与其他智能
要素之间的联系是复杂而微妙的，因为每个要素都将影响自我效能感的准确
程度。

　　这就意味着，我们需要知道什么是知识，知道如何才能基于证据对自己所拥有的知识和能力做出正确判断（要素 1 和要素 3）。我们还需要将我们对自己所拥有的知识和技能的理解与我们的情绪和动机联系起来，从而让我们能够对自己的各种能力充满信心（要素 4 和要素 5）。如果我们是学习者，那么为了认清对我们的要求，我们需要将任务或者活动与掌握的信息、需要做的计划以及完成之后的评估都联系起来。我们在建立此类联系时，需要了解环境、其他人与各种工具中有哪些是能够帮助自己的可用资源（要素 2、要素 4 和要素 6），其中工具可以是书籍、网络或者人工智能系统等。如果我们需要与他人共同学习或者通过他人来学习，那就必须知道自己对这项协作活动的理解，并能够与他人进行有效的沟通和互动（要素 2 和要素 5）。所有的要素都密不可分地连接成一个交织的整体，这个整体就是我们准确的自我效能感。

　　为了发展这种准确的自我效能感，我们需要将算法子系统的发展与理性子系统的发展联系起来，算法子系统帮助我们培养渊博的知识和复杂的技能，理性子系统能够帮助我们构建对自己的深入理解。关于要素 1，即学术智能，我们可能会因为针对不同的领域拥有不同深度的理解而拥有不同程度的自我效能感。就像管弦乐队为了进行音乐表演而需要协调多种乐器一样，我们的自我效能感也会为了学习而协调我们的智能要素。而且，就像某支管弦乐队能够在演奏巴赫的赋格曲时表现更好，而在演奏莫扎特的安魂曲时稍逊一筹一样，作为学习者，我们可能在学习数学或解决问题时自我效能感的协调性更高，而在学习戏剧或物理学时自我效能感的协调性相对差一些。

　　既然我们需要发展这种协调性，教育就需要将此考虑在内，这意味着我们需要寻找发展学生全部七大智能要素的教学方法。我在前文中提到，辩论对于开发要素 3 元认识智能是一个极佳的方式，它还可以用来开发要素 2、要素 4 和要素 5，即社交智能、元认知智能和元主观智能。我在针对开发要素 4 时提到过一种"退场门票"的方法，如果我们仔细探究一下这个方法，就会发现红色的票不仅可以用于询问学生在今天的学习进程中止步不前的原因，而且可以成为让学生们探索他们元认知智能（要素 4）的工具。绿色的票不仅可以用于要求学生们描述他们理解和学到的内容，而且可以用来让他们解释他们证实自己已经掌握了某些观念的证据，从而发展元认识智能（要素 3）。

　　对自我效能感的培养应该是我们教育和培训的主要目标。

　　自我效能感与其他六大智能要素紧密相连，因此在利用人工智能发展人类智能时，对自我效能感的培养是重中之重。如果我们能够有效地设计和使用人工智能，就可以利用人工智能来处理关于我们和世界交互的海量数据，从中寻找证据来获知我们是如何对自己所拥有的知识和理解做出判断的，又是如何对我们教导和培训的学生所拥有的知识和理解做出判断的。通过对数据进行仔细收集、校对、整理和分析，人工智能将为我们提供每位学习者各方面的数据，包括他们的进展、知识、技能以及对世界的跨学科理解。针对学习者、学生、接受培训者以及他们的教师或者培训师，我们还可以使用人工智能来分析他们的情绪、动机、所处情境、对世界的主观体验等能够影响他们发展其知识和理解的因素，并将这些分析结果反馈给他们。如今在世界各地的商业实验室和科研实验室中，都已经开发出了相关的人工智能系统，它们能够利用数据生成对个人行为和活动的详细分析。因此，**教育工作者必**

须更多地参与到此类人工智能系统的设计和应用之中，这样一来，此类系统在开发时才能够更好地利用教师所掌握的丰富教学经验，毕竟他们才是最了解人们学习方式的人。

在利用人工智能对个体的发展细节进行追踪和分析时，我们还必须确保将最高道德标准应用于此过程。人工智能是一把双刃剑，它能成为协助人类的利器，帮助每个人发展出更准确的自我效能感，并提高其自我效能感的复杂性和水平。然而，与所有的新技术一样，它也能成为危害人类的武器，因为有些人会利用人工智能的上述功能来伤害、操纵和控制其他人。这就是为什么我们需要确保每个人都能够理解人工智能，至少能理解到足以保护自己和至亲至爱之人免受其危害的程度。

未来的教育需要采用进展模型

在本书的开篇，我提到我有些担心人类越来越执迷于测量事物。然而，如果在测量和评估时能够对成功有一个清晰的定义，也就是说测量和评估与它们预期的结果紧密关联，那么它们也是有存在的价值的。如果我想成为一名优秀的职业网球运动员，就必须清楚我是如何判断自己是否取得成功的，这不仅涉及我在职业网球巡回赛中的表现，而且包括我在训练中的方方面面。智能也是同样的道理。如果我们想让学生、培训学员、员工和企业家充分发挥他们的潜能，就需要找到一种方法，来判断他们的每个智能要素的发展是否取得了成功，以及所有要素交织在一起的整体是否具有协调性。

教育和培训体系中应设计和采用进展模型，此类模型能够不断促进所有智能以及智能之间关系的发展。要成功地做到这一点，这些模型必须考虑到，直觉性心理过程使我们能够通过实践将某些知识和技能自动化，其中不仅包括帮助我们培养渊博知识和复杂技能的算法心理过程，而且包括帮助我们构建对自己深入理解的理性元级别心理过程。然而，实践中此类进展模型究竟是什么样的呢？

实际上，可以用来作为教学和评估的优秀进展模型需要满足以下 4 个步骤。

- 首先，需要对成功有一个清晰的定义，即对学习者必须达到的目标有一个清晰的定义。在此处，这个目标需要涉及交织型智能中的所有要素。并且，在定义时最好用准确的自我效能感的发展来描述。这个步骤并不简单，但如果我们想要脱离现有的教育体系，就必须解决这个步骤，因为当代教育体系注重培养给学生的知识和技能，这些都是机器能够更准确、更快速掌握的；

- 其次，需要能够将复杂的目标分解为子目标和子任务，以各个击破的方式帮助学习者实现总体目标；

- 再次，需要能够识别学习者是否朝着子目标或目标前进的机制；

- 最后，需要包含反馈机制，这种反馈需要能够帮助学习者不断向着自己的目标前进，并帮助他们认清自己是否取得了进展、进展程度如何。反馈机制必须考虑到一个事实，即进展可能并不总是平稳向前的，可能有时候稍微退步对于实现总体目标也很重要。

如果我们简化步骤1，使其专门针对要素1（学术智能），那么这组步骤就成了大多数人工智能辅导系统的核心。使用早期人工智能和机器学习开发人工智能导师的好处在于，你必须非常详细地对子目标、任务和反馈做出明确规定。针对我们想要教授的任意一个学科领域开发出此类进展模型，然后以此模型为基础，开发能够为每个学生提供个性化教学的人工智能导师，这整个方案在技术上是可行的。并且，对于帮助学生发展他们要素1的智能，这个方案很有可能非常不错。人工智能导师能够拥有极为稳定的表现，它不带任何偏见，也从不感到疲倦。如果我们在设计人工智能导师时，合理组合新旧两种人工智能技术，那么我们就既可以确保系统中的知识始终是最新的，又可以保证它们能够解释它们所做的教学决策。使用人工智能来教授学术的、跨学科的渊博知识和复杂技能，还有利于持续评估每个个体实现其目标的进展情况，此类进展情况对该个体及其人类老师而言都是很有用的信息。

在教学体系的这一部分中使用人工智能的好处在于，它意味着我们的人类教育者可以将精力集中在我们交织型智能的其余六大要素的发展以及所有七大要素之间的协调性上。这些要素难以利用人工智能实现自动化，但它们对于我们持续提升人类智能的复杂性至关重要，而这种复杂的人类智能才是我们胜过人工智能和机器人的保障。

除了我们对世界的认识之外，如果我们想要帮助学习者发展智能的其他六大要素，那么每一项都需要按照我在上文中提到的进展模型的4个步骤来展开。但是，我们不能单独发展某项智能。这六大智能的发展必须相互交叉，并且这六大智能要素取得的进展还必须能够与每个学习者的要素1，即关于世界的知识的进展联系起来。

准确的自我效能感是我们教育体系推动的核心，人工智能系统则无法发展出自我效能感。然而，我们可以利用人工智能来帮助我们培养学生和我们自己的准确的自我效能感。为支持各个学科，即关于世界的知识的教学而开发的人工智能辅导系统，能够提供有关每个学习者的详细数据，此类数据不仅能让我们获知每位学习者学习进展的详细情况，而且能帮助我们理解这些学习者要素 1 以外的其他智能要素在某些方面的发展情况。例如，可以通过分析这些数据来评估学习者的毅力、动机和信心的各个方面。然后，人类教师可以利用这些信息来帮助学习者发展其元主观智能。在展开协作解决问题的学习法的小组活动时，由人工智能辅导系统提供的数据还可用于帮助教师给学生们分组，支持学生的学习、社会互动和社交智能发展。例如，我们在上一章中讨论智能的标志时，就展示了如何利用人工智能提供的数据来更好地开展各种发展学习者社交智能的活动。

开发交织型智能的进展模型，特别是针对交织型智能中从要素 3 到要素 6 的四大要素，是很困难的，原因我们在第 3 章中已经探讨过了。然而，针对个人认识论和元认知的许多方面已经存在大量的研究，这可以作为一个很好的起点。另外，还有一些经证实有效的工具，如问卷调查等，可以作为确定目标、活动以及反馈的临时工具。

当然，想要利用人工智能获知要素 1 以外的智能要素的详细进展情况，就需要人类教育者向其提供大量的信息。毕竟，这六大智能要素都是人工智能无法企及的，因此，想要人工智能对此进行设计、评估以及复制都不容易。我们仍然需要教师来帮助学生发展这些智能要素，因为我们无法开发出能胜任此任务的人工智能教师。但是，我们能够设计相应的人工智能工具，让教育工作者更有效地帮助学生发展这些智能要素。我在本章讨论了此类工具，而且在上一章讨论针对我们与世界在智能层面上的交互，大数据和人工智能能够帮助我们识别各种标志，使我们获得更深层的理解时，也提到过此类工具。

在我们为所有智能要素设计和开发此类进展模型时，必须将响应式评估纳入其中，如此一来，我们便能够详细地了解学习者的进步情况。我们还必须不断给予学习者支持，使他们能够通过这些评估不断发展对自己的理解。

在本章中，我提出以一种更加整体的方式看待智能，并探讨了这种方式对教育的影响，而且我认为这种整体性智能是人类与人工智能最明显的区别。我还指出，我们能够利用人工智能来帮助学习者提升他们的智能要素 1。如此一来，我们便能够让人类教育工作者利用人类独有的专业技能，将他们的精力集中在培养学生们智能的其他六大要素上。通过这种方式，我们就充分利用了人类教育工作者的人类智能。这样我们就确保了我们的教育体系不仅培养了学生的各学科知识，这也是人工智能能够轻易掌握的，而且培养了学生其他各项人工智能所无法企及的智能。这种方式对我们如何教授、培训教育工作者和培训师有着重大的影响。

大多数教育工作者的教学功底十分深厚。而且，在人工智能不断渗透到我们生活、工作的方方面面，教育体系也相应重新设计的情况下，我毫不怀疑教育工作者能够很好地应对这种变化。但是，他们同样需要支持，尤其在面对日益增多、增强的数据和人工智能系统时，他们需要知道如何使用它们才能发挥其最大效益。从我们目前所处的情况来看，想要迈出转变的第一步，就必须从这些教育工作者开始。**我们必须记住，对于人工智能革命，他们和我们中的大多数人一样，也是新技术的学习者。我们必须确保，在要求他们使用专为教学开发的人工智能系统之前，开发人员能够听取来自他们的意见。**目前，太多教育类技术，尤其是教育类人工智能技术，都是在没有听取任何教育工作者意见的情况下开发设计出来的。在教育领域，当涉及教育类人工智能系统的设计时，将接受过培训的拥有专业知识和技能的教育工作者纳入开发队伍并听取他们的意见，这一点是至关重要的。因为，只有这些一线教育工作者才最了解教学是什么、学生如何学习，以及在大多数嘈杂的教育环境中哪些类型的教学系统可能会更有效。

人工智能教育的三大关键

在结束对教育这个话题的探讨之前，我们还需要花点精力来关注一下最后一个主题：关于人工智能的教育。我们需要回答这样一个关键问题：我们如何教人们人工智能相关的知识，使他们能够从中获益呢？

如果我们想要让人们从人工智能中的获利最大化，就需要在针对各个阶段的教学课程，即儿童时期、成人时期、老年时期中引入 3 个关键部分。

首先，每个人都需要充分了解人工智能，这样才能有效地使用人工智能系统。这一部分对人工智能和人类智能来说都是至关重要的，因为它能使两者相辅相成，让我们从两者互惠互利的关系中受益。比如说，针对特定问题的解决方案，如果人们需要选择特定的人工智能和技术，就意味着人们不仅需要了解该问题的方方面面并精心设计解决方案，而且需要了解方案中人工智能所参与的部分。

其次，对于人工智能可以用于处理何种问题以及不可以用于处理何种问题，每个人都应该有发言权，这是开发人工智能相关课程的第二个关键要求。如何利用人工智能来影响世界，对此如果我们想要帮助决策者做出合理的决策，就必须深入了解和人工智能相关的道德规范问题，也就意味着有一部分人需要接受相关知识的培训。人工智能应该用于何种用途、可以用于何种用途、将会用于何种用途，此类决策对社会而言都具有重大的影响，如果人工智能教育的必要性没有引起我们足够的重视，就有可能让人们在面对此类问题时无法做出合理的决策。

最后，一部分人还需要足够了解人工智能以开发下一代人工智能系统，此为开发人工智能课程的第三个关键要求。如果我们想让教师为年轻人迎接新人工智能时代做好充分准备，如果我们想让教师能够激励年轻人在将来以设计和构建人工智能生态系统为职业并为他们选择此职业打下坚实基础，那么就必须有人来对教师和培训师展开培训，使他们能够为未来的工作角色做好准备。这是各国政策制定者亟须考虑的问题，并且需要各种管理教师发展和培训的组织参与进来，共同合作。我们迫切需要年轻人掌握大量关于人工智能的知识和技能，因此教育工作者也需具备同样的知识和技能。

从一个更积极的角度来看，人工智能助教的开发将为拓宽教学技能提供机会，使得教师这一职业更加丰富多彩。深化教师职业的知识和技能，不仅可能涉及各学科知识层面，而且可能涉及培养教师们的必要技能，使其能够支持和培养学生协作解决问题的能力。不仅如此，它还可能会使教师掌握数据科学和学习科学相关的技能，这样一来，面对与日俱增的关于学生们学习的数据，他们便能从中获得更多的见解。

面对人工智能的飞速发展，我们亟须认识到教学和培训领域对此做出响应的迫切性和重要性，如果认识不到位或者未能及时采取相应措施，我们都有可能无法迎来人工智能革命理应带来的繁荣。

本章小结

由于人工智能的发展，如今机器也可以学习，不仅如此，它们还比人类学得更快，调取所学知识时也更准确。然而到目前为止，这种学习仅限于对交织型智能要素 1 范围内知识的学习，即它们只能学习关于世界的知识。机器虽然可以模仿交织型智能中的其他要素的某些特征，例如情绪，但实际上，它们无法感觉到情绪，并且无法拥有关于情绪的任何主观体验。

人类的学习能力是发展和提升我们智能的关键，由此我们就能更加体会到七大智能要素的价值所在，并且能够更加有效地发展和利用这七大智能要素，尤其是我们准确的自我效能感。社会必须肩负起对社会成员的责任，并通过设计和落实能够有效发展人们交织型智能的教育体系来履行其责任。为实现这一目标，教育体系需要采用进展模型，该模型能够不断发展和提升全部七大智能要素，并增强七大要素之间的关联性。然而，拥抱人工智能崛起的世界并非易事。人工智能在工作场合的应用导致了一些白领失业，虽然现在教育工作者还不太可能被人工智能所取代，但人工智能必将使他们的生活发生翻天覆地的变化。他们不仅需要教授不同的材料，而且对于他们已经教过的材料，也需要以不同的方式去教授。

复杂的个人认识论可以帮助人们从所学的学科类知识中发展出更深、更广的理解和复杂的技能，人工智能无法做到这一点。为了帮助学生不断拓展最初的简单个人认识论，我们需要明确教会他们如何识别潜在的知识来源和证明这些知识的合理性。面对海量数据，人们如何才能以一种合理有效的方式从这些数据中获得想要的答案，对此我们必须教会人们如何提对问题。我们和我们的学生都必须认识到，知识具有情境相关性和不一致性。

人类智能的最后一个要素是自我效能感，这也是最重要的要素。它能够将所有其他智能要素整合在一起，这是人工智能远不能及的。自我效能感无论是对于教师还是对于学习者都很重要。我们可以通过开发其他 6 项智能要素，来帮助学习者更好地理解自己的自我效能感。在教学中教育工作者也需要将自我效能感视为重点，并且需要一种非常明确具体的教授方式。不论是在正式教育和培训体系之内还是之外，我们都应终身提升自我效能感。

如果我们想如上文中所提到的那样以智能为基础来设计课程大纲，那么我们的教育体系就必须转型，而且现在就必须为此做计划。我们要做的还不仅于此，还需要教授人们关于人工智能的知识和技能，尤其是向教师和培训师教授关于人工智能的知识和技能。关于人工智能的教育必须包括以下几个部分：教授人们如何有效地使用人工智能系统；针对人工智能应该和不应该做的事情，所有人都应该有发言权；给予一部分人足够的帮助和支持，使其能够开发下一代人工智能系统。

人工智能能够帮助我们构建以进展模型为基础的未来教育体系,而这种进展模型将涵盖所有七大人类智能要素。开发用于教授跨学科的学术知识和技能的人工智能系统,让它持续提供关于每个个体在实现各个目标时所取得的进展的详细评估报告,这在技术上并不复杂。这种系统的使用将使人类教育工作者能够将精力集中于学生交织型智能的整体发展上。

**给学习者
的启示**

1. 我们需要仔细考虑,从现在开始到今后人工智能无处不在的世界,我们究竟应该如何转变才能不被时代淘汰?
2. 我们不能仅仅通过表扬学习者取得的成就来增强他们对自己的信念,还需要让学习者坚定不移地相信,他们能够通过努力进一步发展自己的智能。这种方法可能会涉及教授人们养成良好的工作习惯、对正在执行的任务保持专注,以及处理相关的情感反应等。
3. 我们需要确保每个人都能够理解人工智能,至少能理解到足以保护自己和至亲至爱之人免受其危害的程度。

MACHINE LEARNING
AND HUMAN
INTELLIGENCE
THE FUTURE OF
EDUCATION FOR
THE 21ST CENTURY

07
学习的升级，
为应对人工智能时代做好准备

1996 年，当约翰·安德森给智能下定义时，他可能完全无法想象我们如今的人工智能世界是怎样一幅景象。他可能没有想到我们所面临的困境，而这种困境来自我们误认为人类智能中的"智能"和我们开发的人工智能中的"智能"具有同等意义。当时，安德森认为：

> 智能的全部内容就是对许多小单位的知识进行简单的累加和调整之后所产生的复杂认知。智能整体就是各个部分的总和，但它的组成部分确实有很多。

但是，智能整体并非仅仅是其各个部分的总和，并且安德森所说的"累加和调整"也绝非简单的过程。我们很容易被技术热情冲昏头脑，去相信人工智能的智能程度非常高，哪怕实际上并非如此。现在，我们是时候全面分析、重新评估一下"智能"的含义了，是时候充分认识到机器学习的不透明的"黑匣子"的重要性和局限性了。对于不断完善人工智能技术，使其做决策的过程变得更加透明，我们完全有理由持乐观态度。比如说，由美国国防部高级研究计划局出资开展的"可解释的人工智能"项目（参见第 4 章）、人们呼吁的"可理解的人工智能"（参见如英国上议院人工智能委员会 2017 年的相关报告）等，都表明我们正在往这个方向努力。但是，我们现在更需要做的是，充分挖掘人类自己的智能。人类智能是一种错综复杂的、主观的、掺杂了情感因素的、和自我认知相关的事物，它是一个奇迹，我们必须以最佳的方式来认识并发展它。我们还需要关注人类智能和人工智能之间的关系，并思考我们应该如何将两者结合起来、取长补短，以此来解决我们如今面临的巨大挑战。

教育和培训要以智能为基础

现在有海量的数据，计算机有强大的处理能力，大量原始数据和处理后的数据能够以低廉的价格储存在云端，并且人们可以随时随地获取此类数据，这种种因素加在一起形成了一场"完美风暴"，让人工智能在 21 世纪拥有了巨大的吸引力。数据、计算能力和存储，这三大因素能够与复杂的人工智能系统结合，使其通过计算能力对特定数据进行学习。这场完美风暴使我们能够利用人工智能构建各种庞大的"知识"库，并从中对所需的细节信息进行筛选、搜索以及精准定位，以此来诊断疾病、处理图像、在游戏中击败世界冠军玩家，并带我们在物理世界和虚拟世界中遨游。我们可以问人工智能系统，在某个特定的时期某个国家是由谁统治的；我们可以利用它来解方程式；我们还可以要求它来驾驶车辆。人工智能的飞速发展导致如今它能够比人类学得更快，对某些知识的掌握也更准确，这就意味着在我们的教育和培训体系中，亟须对学习知识的方式做出重大而深刻的改变。

我们与知识的关系

知识是多数教育体系的核心，并且它仍是我们智能的关键要素，但它只是要素之一，而不是智能的全部。在我们所有的智能要素中，知识恰恰是最容易利用人工智能完成自动化的要素，因此我们需要改变我们与知识的关系。我们需要将"我们所掌握的关于世界的知识""我们与世界之间的互动"与其他人类智能要素结合在一起考虑，而不能仅仅将这二者视为学习的目的。如今，我们必须通过教学和学习在人类与知识之间建立起更加复杂的关系。**作为教育工作者，我们必须更清楚地将信息和知识区分开来。我们要教会学生提对问题，培养他们勇于质疑权威者提供的证据的能力，使他们理解知识是主观和情境化的，让他们认识到，人类必须通过社会互动和批判性分析才能建构属于自己对世界的理解。**这种不盲目服从于权威的品质同样能够鼓励人们对人工智能系统和各种媒体提出质疑，并鼓励人们要求人工智能系统和媒体就其所做的决策提供足够的理由。

当然，数学素养、文学素养、数据素养，以及关于人工智能的基础知识仍将是所有教育的基础。这里的人工智能的基础知识并不是指给人工智能编程的技术，而是指设计这些人工智能系统的原则和逻辑。其他各学科的知识同样重要，但我们重点关注的应该是都有哪些学科、这些学科是如何形成体系的、学科存在的原因，以及如何进行学习。

我在上一章中讨论到，辩论和协作解决问题等活动能够以极为有效的方式来帮助学生理解他们与知识之间的关系，并能够培养他们发起挑战和提出质疑的能力。为了确保教师和培训师有时间帮助学生和学员掌握这些复杂的技能，我们可以使用人工智能导师系统帮助学生获得基本的数学素养、文学素养以及各学科的知识，并希望学生以学习某一学科知识的方法为例，举一反三，掌握一种对知识的基本理解，然后让学生通过辩论和协作解决问题等方式加深并完善这种理解。这种人工智能导师能够确保学习者在适当的时候练习、完善他们的理解，并确保学习者接受难度合适的挑战并获得充分的支持。

在学习者和培训学员不断提升理解、学习辩论以及提高协作解决问题的能力时，我们能收集到大量关于他们的进展的信息，利用人工智能来分析此类日益增多的数据信息同样是其一大妙用。这些数据的分析结果不仅可用于帮助教师在需要时为其提供最佳支持，而且可以帮助学习者更加深刻地了解自己的能力和进步程度。

我引用了丹尼尔·卡尼曼的著作《思考，快与慢》中的概念，来解释我们的直觉思维与我们的智能和理性思维之间的重要关系。如果没有直觉思维（系统1），那么我们极为珍视的智能（系统2）也就不可能存在。我们的智能使我们拥有算法能力，能够进行复杂计算、深入思考、完成智力测试等任务。它是人类独有的能力，使我们能够忽略偏见、集中注意力、保持专注力并发展我们的自我控制能力；它还能够帮助我们对抗人类与生俱来的不愿动脑的惰性。我们必须通过我们的教育和培训系统来不断培养这种人类独有的能力。

我们需要建立我们与知识之间的关系，相较于学习知识本身，建立这种关系所具有的重要性有过之而无不及。我们可以通过发展复杂的个人认识论来建立我们与知识之间的关系。复杂的个人认识论将有助于我们区分哪些是可以用证据来证明的事实，哪些仅仅是观点而已。例如，"唐纳德·特朗普（Donald J. Trump）于 2017 年 1 月正式就任美利坚合众国总统"，这一陈述有大量可靠证据作为支撑，因此我们可以相信该陈述是正确的。相比之下，"没有科学证据能够证明气候变化是真实的"，这一陈述就只是部分人相信的观点，因为针对该陈述，我们既能找到支持的证据，也能找到反对的证据，所以我们需要自行权衡和判断自己是否应该相信这一观点。我们区分"能够证实的真理""观点""虚构"这三者的能力是人类智能的重要因素，但也是一个经常受到忽视的因素。

教育必须帮助学习者认识到，在任何时候，他们关于世界的信念都取决于他们在世界上的体验，即这些信念都是情境化的。我们的信念能够在我们毫无意识的情况下发生改变，想要认识到这一点，就必须认识到知识和信念都是情境化的。反过来，认识到我们的信念能够在我们毫无意识的情况下发生改变，对于我们发展对自己的认知也极为重要。因为这种认识能够激励我们提升相关的能力，使我们对经历的事情做更准确的重建，并降低我们采取事后合理化这种简单方式的倾向。**如果想要迎接当今世界带来的诸多挑战，我们就必须不断发展复杂的人类智能，而接受人类的不可靠性则是我们需要迈出的第一步。**

我们与他人的关系

社交智能是思想的基础，是人类在世界上不断发展的基础，也是我们看待智能的基础。社交智能超出了人工智能的能力范畴，如今，随着人工智能在工作场合的使用日渐增多，社交智能的重要性也日趋明显。社会互动是群体智能的基础，也是人类智能和人工智能的一大区别。社交智能还涉及元级别层面，我们可以以此来培养自己社会互动的意识和调节能力。

我们已经知道，交谈和社会互动对于儿童的发展至关重要，即便在婴幼儿时期，他们也能够从父母和看护人对他们所说的话语中受益良多。我们鼓励人们在儿童能够听懂故事之前就给他们读书，因为我们知道，这将有利于他们的智能发展。然而，在儿童随后接受的大部分教育中，人们会通过一系列测试来评估他们的个人表现。在正规教育体系中，很少有测试包含学生社会互动的能力、从他人身上学习以及与他人共同学习的能力，然而在工作场合中，团队合作能力又是极为重要的品质。到目前为止，这种现象都是情有可原的，因为作为教育工作者，我们必须知道学生们对以知识为基础的课程的理解程度，才能够进一步获知他们的需求。我们需要让学生打下一个坚实而宽泛的知识基础。然而，如今既然我们有了能够快速掌握此类基础知识的机器，那就应该考虑如何更好地评估学生的社交智能、他们与他人之间的关系，以及他们与其掌握的关于世界的知识之间的关系。

我在上一章中提到，2015 年经济合作与发展组织所统筹的国际学生评估项目对各国学生的协作解决问题的能力做了评估，评估报告于 2017 年发布，这不失为一个可行的例子。这项评估是通过计算机完成的，计算机同样是学生们协作解决问题时的小组成员之一。我们完全可以使用类似的原则来设计持续形成性评估，以此来评估学生与其他人之间以及与人工智能协作者之间的协作情况。如今，对于广泛的学科领域和跨学科领域中的各种问题，不论学生是单独解决还是协作解决，我们都能够使用人工智能来评估学生运用知识来解决问题时的表现水平。

我们可以利用人工智能来支持和评估学生的学术智能和社交智能的发展，但首先，我们亟须大力开发此类人工智能系统。我们还需确保这些系统能够给予具有坚持不懈、勇于克服困难的品质的学生以高度评价，这样我们便不仅能够获知学生对各学科和跨学科的知识和技能的掌握情况，而且能够获知他们十分重要的个人品质。

我们与自己的关系

元智能对于提高我们智能的复杂程度至关重要。元智能包括 4 个要素：

1. 元认知：我们对自身认知过程的认识和控制；
2. 元情绪：我们对自己的感受及其如何影响我们的认知和学习方式的感知；
3. 元情境意识：对于我们与世界之间的互动，包括社会互动，我们所具有的身心能力和意识；
4. 自我效能感。

我在上一章中详细讨论了这些要素。

我们元智能的各个要素之间，它们与我们的知识、个人认识论和社交智能之间都以复杂的方式相互关联。例如，我们的学习动机与我们的元认知密切相关，反之亦然。我们的元智能涉及我们在这个世界上的物理存在与我们对此的意识，即我们的元情境智能，而我们的元情境智能又会反过来影响我们对自己的能力所持有的信念。元智能中最重要的一项要素就是最后一项——自我效能感。**拥有较高水平自我效能感的人通常都会表现得更好、更少浪费时间和精力，并且较少感到失望。**对我们所知道的信息进行准确的判断，能够帮我们构建准确的自我效能感，这种准确的自我效能感是学习的关键能力，并且其重要性将越来越明显。对于我们未来的终身学习，它将是最重要的能力。它也是人工智能无法获得的能力。

与学术智能和社交智能一样，如何评估元智能也是一个至关重要的问题。很明显，在全球范围内，各种教育体系本质上都会受到评估系统的驱动。因此，我们需要设计严谨可行的测评工具，来评估学生元智能的发展情况。这整个思路是可行的。我们可以详细询问学生，让他们阐明他们对自己的能力有何认识、对自己的才能有何认识、如何理解自己在这个世界上的物理存在、对学习持有何种情绪，以及对这种情绪有何种意识和理解。对于上述问题的结果，我们可以利用人工智能来追踪其进展：一方面，我们可以让学生表达他们的自我理解；另一方面，我们可以不断追踪他们学术智能和社交智能发展的证据，然后将这两者进行比较。我们就可以使用这些比较的结果来进一步帮助学习者不断提升其元智能的复杂程度。

与学术智能和社交智能一样，我们同样需要大力开发用来支持和评估学生元智能的人工智能系统，并且，我们可以以许多现有系统作为起点。

人工智能能够支持所有人接受教育

利用人工智能来支持学习并评估学习表现的方法，能从中受益的并不仅限于有一定学习能力的学习者。很多实例表明，人工智能系统能够支持有学习障碍或有特殊需求的学习者。例如，如果某些学生患有身体残疾，无法使用键盘等输入设备，那么利用自然语言处理所开发的语音激活接口对他们来说就非常方便了。人工智能与虚拟现实、增强现实等其他技术的结合，可以帮助患有身体残疾或学习障碍的学生利用虚拟环境进行学习，而他们在现实环境中可能无法参与此类学习活动。我们也可以利用人工智能来强化虚拟世界，使学习者在虚拟世界中的交互体验更加真实自然。我们还可以利用人工智能来持续提供智能支持和指导，以确保学习者在通往既定目标的道路上不断取得进展，而不会遇到困惑或者不堪重负。

加拿大的阿萨巴斯卡大学（Athabasca University）目前正在针对被诊断患有注意缺陷多动障碍（attention deficit hyperactivity disorder，以下简称 ADHD）的学生开展一项由人工智能辅助的研究。这项研究的长期目标是开发一个具有以下几项特征的人工智能教育（AIED）的系统，或者说学习分析系统：

1. 该系统能够比当前诊断模型更早地发现 ADHD；

2. 该系统能够更准确地诊断 ADHD；

3. 该系统能够为指导老师针对有 ADHD 的学生提供更有效的教学方法；

4. 该系统能够基于观察，对有 ADHD 的学生所获得的能力提升以及所体验的困难和挑战给出评估；

5. 该系统能够鼓励有 ADHD 的学生参与到有诸多拟人化教学代理的环境中去。

针对孤独症谱系障碍（autism spectrum disorder）的患者，科研人员也已经开展了一系列相关研究，其中包括人工智能教学代理和个性化学习等。利用所谓的大数据来帮助学习者开展个性化学习的系统，同样可以用来满足一些有特殊需求的学习者，西蒙弗雷泽大学（Simon Fraser University）所开发的nStudy 软件系统就是一例。另外，伦敦大学学院开展的 ECHOES 项目创造了一个用技术强化的学习环境，正常发育的儿童和孤独症谱系障碍的患儿都能在此环境中进行学习。该项目使用了现有技术，例如交互式白板、对手势的追踪、对眼神凝视方向的追踪，也使用了具有高度情境相关性的智能交互界面，创造了一个适用于有特殊需求的儿童的多模式交互环境。

人工智能所具有的潜能是很多人无法想象的，并且无论是现在还是将来，它所带来的影响都是无比深远的。它将给我们的世界带来翻天覆地的变化，并且随着人工智能日益渗透人类的生活，每个人都将受其影响。毫无疑问，一些我们之前认为需要智能来解决的任务，如今正不断从人类手中转移到机器上，因此我们必须做好部分人类智能任务将被人工智能取代的准备。这就要求我们监控我们的人类智能，并确保其得到充分的使用和发展。我们应审慎适应变化，在将我们肩上的任务转交给人工智能时也需如此，这样才能确保我们能够始终保持人类智能的完整性。关于智能的定义已然过时，我们不能再接受。相反，**我们必须学会享受发展我们的人类智能，并认识到我们的智能没有终点，因此我们需要始终保持学习。**人工智能带来的困境既美丽又危险。我们以自己对智能的理解创造了人工智能技术，在此过程中却削弱了我们对人类智能价值的认识。但是，我们能够利用人工智能以一种超越其自身发展的方式来帮助我们发展人类智能。

收集关于人们每句话、每个动作和每个行为的数据，在技术上是可行的，但对于收集数据的数量、时间和地点，我们需要谨慎对待，确保尊重人们的隐私，并且遵守相应的道德规范。我们需要人们对此类数据收集行为授予知情许可，并且确保他们明白自己所授予的知情许可意味着什么，而要做到这一点，就必须让人们足够了解数据和人工智能。还有一点十分关键，即面对海量数据，我们如何才能提对问题。只有提对问题，我们才能更加有效地利用人工智能来处理我们收集的数据。我们可以利用人工智能技术在此类数据中寻找代表人类智能发展的模式，从而获得对自己以及自己智能发展的更深层次的认识。

重新设计计算机科学和人工智能课程

想要应对人工智能给职场和教育体系带来的巨大冲击，从计算机科学的角度着手似乎是一个非常不错的选择。这种在一定程度上以技术为中心的观点是可以理解的，因为毕竟是计算机科学带来了我们如今使用的人工智能系统。因此当面对日益增多的人工智能系统时，我们理所当然会希望在计算机科学这样的学科中寻求解决方案。毫无疑问，我们需要更多在各种领域掌握相关技能的人，参与到设计和开发未来的人工智能系统中来。然而，虽然这一点很重要，但它毕竟仅适合于少数人，而对大众而言，每个人都需要足够了解人工智能，才能有效地使用人工智能，才能合理地决定是否允许其进入我们的生活。因此我认为，我们需要在教育中采取一种更加以人为本的方法。

我之前已经提到过这种教育方法需要从下列两个关键维度着手（如图 7-1 ）：

- 人工智能将如何提升教育水平并帮助我们解决一些当前人类所面临的巨大挑战？

- 我们如何向人们提供关于人工智能的教育，以使其从中受益？

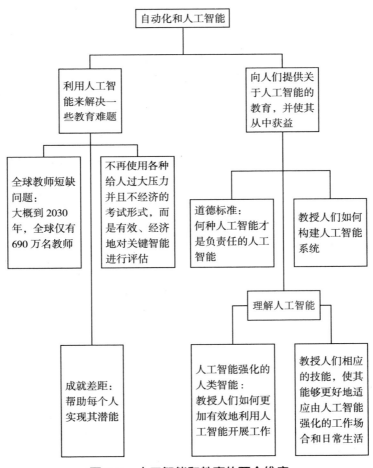

图 7-1　人工智能和教育的两个维度

　　我在前面的章节中已经就第一维度进行了详细的探讨，并指出，我们需要通过巧妙设计人工智能系统的方式来解决一些教育领域的难题。我还强调，**在设计相应的人工智能系统之前，我们要解决的并非技术问题，而是要对我们需要解决的教育问题做一个全面彻底的探索和界定。**只有面对一个经过透彻理解的教育问题，并研究出一个经过精心设计的解决方案之后，我们才能知道人工智能在该解决方案中能发挥出什么作用，以及哪种类型的人工智能技术才最适合该解决方案。

　　图 7-1 中的第二个维度有 3 个关键部分，如果我们想要让人们从人工智能中所获利益最大化，就需要在针对各个阶段的教学课程，包括儿童时期、成人时期、老年时期中引入这 3 个关键部分。第二个维度中还有一个关键点涉及技术知识，我们需要确保有各种领域的人参与到设计和开发未来的人工智能系统中来。然而，我们需要谨记，让人们参与人工智能的开发，更多的在于更睿智的设计，而不在于编写计算机代码。从某种程度上来说，未来的人工智能系统至少能给它们自己编写部分代码。

　　第二个维度还有两大块重要内容涉及更广泛的人，即大众对于人工智能究竟需要理解些什么。首先，每个人，包括那些目前失业和不在任何教育体系或培训系统内的人，都需要掌握足够的与人工智能相关的知识，才能有效地使用人工智能。这就意味着，我们所有人都需要了解人工智能究竟意味着什么；它有哪些能力，又有哪些局限；我们可以或者应该利用人工智能来完成哪些事情；人工智能能够完成哪些事情。重要的是，我们不能持有这样一种观念，即认为此类关于人工智能的基本原理超出了社会大众的理解能力。我们应该找到合适的方法向人们解释此类原理，确保他们掌握足够的信息，使其能够在他们的生活、工作中对如何使用人工智能做出明智的决定。

其次，对于利用人工智能直接或者间接实现某些目标，我们也需要确保有足够多的人理解其中有哪些细节可能会带来哪些影响，以此来保证在使用人工智能时有相应的道德规范和监管机制落实到位。历史上就有许多的例子表明，如果我们不注意，很可能就只照顾了少数人的利益而没有顾及整个社会的利益。

第二个维度的 3 个关键部分是密切相关、彼此互通的，因此我们不能将它们分开对待。例如，少数开发未来人工智能系统的研发人员需要与制定监管机制的决策者进行沟通，以确保人工智能的影响得到了充分的理解，并纳入了研发过程中。那些制定道德规范等监管机制的决策者则需要确保社会成员能够接受足够的关于人工智能的教育，并确保此类教育适合他们。最重要的是，我们需要优先使教育工作者和培训师接受和人工智能相关的各种教育和培训。目前，绝大多数教育工作者和培训师都不甚了解，甚至毫不了解人工智能、人工智能的影响，以及如何改变教学方式和培训方式才能将人工智能纳入他们的教学实践中，从而让学生都构建出适当的对人工智能的理解并不断发展和提升学生的七大人类智能要素的复杂性。想让人工智能更好、更广泛地应用于社会，就亟须对教育工作者进行相关培训，如果不能认识到这一点的迫切性和重要性，那么很可能导致各种不利境况的出现，使生产力更低下，并增加社会的脆弱性。

通过教育培养想象力和创造力

在还未探讨想象力和创造力之前就结束一本关于智能的书，显然是不合适的。正如我在第 1 章中所说的，创造力和想象力是人类极为关键的能力。据称，爱因斯坦认为智能与想象力对于人类具有同等的重要性。我在上一章中以 21 世纪所需的技能和创新能力为背景，对创造力和想象力进行了探讨。我指出，如果人们的长期记忆里有大量知识，将帮助他们激发创造力。创造力和想象力使我们能够表达自己的思想、感受和欲望，同时它们也是科学和技术发展的基础。但是，我并不认为创造力和想象力是一种独立的智能，我认为它们是人类全部 7 大智能要素的发展结果。

我们可以通过教育来培养人们的创造力和想象力。然而，如今的教育体系主要侧重于让学生获取知识，并重视学生在考试中的表现，而这种方式恰恰会阻碍对学生想象力和创造力的培养。市面上有不少关于如何培养想象力和创造力的优秀书籍。一些关键行为特征被认为和创造力具有相关性，其中包括好奇心、质疑能力，以及探索和挑战他人结论的意愿。毅力、自信、保持精力集中的能力等也都十分重要。在自己与他人持有不同意见和面对一定程度的不确定性时，保持自信尤其不容易。

人工智能系统的研发人员也在试图设计出具有创造力和想象力的系统，但收效甚微。不过在这方面，最近也有一些有趣的进展。例如，2016 年，史密斯（Smith）用人工智能给 20 世纪福克斯电影公司（20th Century Fox）制作了一支电影预告片；2018 年，罗奇（Roach）利用人工智能创造了一些艺术作品；2017 年，赫特森（Hutson）利用人工智能创造了一些音乐作品。玛格丽特·博登认为，人类的创造力还有许多未解之谜，而人工智能可以帮助我们更深入地了解人类的创造力。博登提出一个十分实用的观点，她对探索性创造力和变革性创造力进行了区分，她认为前者可以被视为"以已经存在的各种可能性为基础，寻找新的东西"，这种创造力占据了人类创造力的绝大部分，而后者则"需要人们进行范式转换，以形成一个全新的概念空间"。使用神经网络系统的机器学习能够"创造"出一件新的事物、一组随机组合的音符，或者将颜色和形状混在一起形成一幅画，但这仅属于探索性创造力的范畴。

近几十年来，各个高校的课程内容越来越丰富。许多大学由于想要把更多资源投入到学术类学科领域中，于是削减了艺术和戏剧等专业的经费，一些人对此提出了担忧。在本书中，我一直强调，我们需要的是一个更加复杂的教育体系，以确保学生比以往任何时候都更加聪明。相较于学习和记住一些学科的内容以便将来进行交流和应用，发展出一种复杂的个人认识论以使人们能够对复杂且尚无定论的学科构建一个基于证据的理解，这要困难得多。一个人独自解决某个比较容易的问题，当然要比与他人共同解决某个棘手又复杂的问题简单得多。因此，我在本书中所提出的基于智能的教学方式实施起来并非易事。然而，该方式确实能够为艺术和戏剧等专业重回课程体系提供机会，并能使人们更加重视此类专业。基于智能的教学方式不再注重于要求学生死记硬背大量学术类知识信息，而更注重于让学生理解如何构建知识体系，并在理解的基础上内化成记忆，让他们理解在什么时候适合使用这种方式、为什么适合，以及这样做的目的。精心设计的基于智能的教学方式应能够为艺术和戏剧等专业提供更加广阔的舞台，并通过此类专业更好地开发人类智能的多项要素。

本章小结

如今，人工智能正在接手大量之前被认为只有人类能够处理的任务。因此，重新认识智能与重新设计我们的教学体系的需求也就越来越凸显。我们需要马上采取行动，利用人类的智慧来重新构思我们的教育体系，以确保人类始终是地球上具有最高智慧的物种。

如今我们面临一系列不可避免的教育变革，而其中一些更容易实现。例如，我们知道人类擅长社会互动，并且人类的能力能够通过教育和培训得到不断发展，而这些能力对人工智能来说是很难甚至无法企及的。这就要求我们对教育工作者进行相关培训，使其能够将社会互动有效地整合到正式或非正式的教育实践中去。

设计进展模型来将学术知识以外的智能开发纳入教学体系，需要我们投入相当大的人力。不过，现已有大量研究可以提供帮助。此类研究能够帮助我们明确界定学习者所有元认知智能的发展情况，并通过帮助人们搜索和使用他们个人情境中可用的学习资源来使他们掌握如何提升自己的元情境智能。对于如何将人类智能要素结合在一起，从而帮助人们发展出准确的自我效能感，我们也已经掌握了一些方法。因此，我们完全有能力设计出需要的进展模型。我们现在要做的就是把整个心思都放在这项任务上。我们知道如何设定清晰的目标和子目标，如何识别学习者是否在完成目标的道路上不断前进，以及如何提供及时有效的反馈以帮助学习者更好地完成目标，并让他们清楚地掌握自己在通往目标的道路上的表现。如今，我们需要将上述这些要素整合在一起，进而开发出教育体系所需的下一代进展模型。

正是我们丰富而精密的人类智能使我们有能力开发进展模型，以支持我在本书中概述的所有七大智能要素。我们也完全有能力开发人工智能，帮助我们建立基于这些进展模型的未来教育系统。迄今为止，我们的技术成就使人们可以直接开发人工智能，来教授各学科和跨学科的知识、理解和技能，其中包括持续提供有关每个人每个目标的进展的评估。一旦到位，这些人工智能系统将支持人类教育工作者专注于人类智能的其余要素，即我们的社交智能和元智能。

在结束本书之前，我还需给出一个警告。我们生活在一个经济比较紧张的时代，因此在面对越来越多的科技公司提供的一些无法避免的诱惑时，政治家、管理者以及决策者有可能会认为，整个教育和培训体系无须使用大量的教师和培训师，直接用人工智能导师代替人类教育工作者就可以了。这种观念是极其错误的，并将带来灾难性后果。利用人工智能导师确实可以帮助我们解决教师招聘和教师流失的问题，但这仅仅是由于此类人工智能系统可以支持教师的教学，使他们能够将教学中心转移到满足学生日益增长的对人性化的需求上来。也就是说，人工智能能够使教学实践、学习者以及学员的学习体验更加丰富多彩。对于如何以最佳方式在教育体系中使用人工智能，一线教育工作者必须有话语权，这样才能确保人类和人工智能的融合给教师、学习者以及其他利益相关人员带来福音。人工智能为教育平等提供了机会，因为它能够改善每个人的受教育情况。我们能够利用人工智能来提供特定的教育资源，帮助教师有针对性地对学习者给予支持，使学习者与教师在全球范围内进行无界限沟通，并通过智能界面和混合现实来帮助有障碍的学习者，使其能够以一种之前完全不可能的新方式来体验世界。

　　然而，虽然我十分相信人类持有同情心和善意，但世界上许多地方都未能解决社会流动问题这一事实足够提醒我们，当谈到教育体系时，我们可能会有些以自我为中心或者过于狭隘了。或许反乌托邦的未来会出现这样一种可能性：世界上的穷人和无权无势的人只能由人工智能来充当孩子们的教师，让人工智能教授他们一些指定课程大纲中的基础知识，此外只有一些保姆和保安来保证孩子们花时间完成了相应的学习任务，并且在孩子们的父母或者监护人工作时保证孩子们的安全；而世界上的富人和有权有势的人则能够获得更加丰富的以人为本的教育体验，在此类教育中，人工智能是教育工作者的助手，是一种极为实用的工具，它使学生能够更加专注于丰富多彩的课程，从而充分发展其所有的智能要素。我们必须认识到这种社会阶层日益固化的可能性，并加以防范。

　　我对本书抱有两点期望：其一，它能使人们意识到我们当前正在低估人类智能；其二，它能吹响战斗的号角，让我们充分发挥人类智能，以寻找更好的方式去识别和发展人工智能无法企及的人类智能的威力和潜能。

　　据我所知，有大量证据能够表明人类是具有创造性、足智多谋的生物，我们拥有足够的智能来应对如今的教育和社会挑战，对此我始终持积极的态度。在过去的 20 年里，我们利用新兴技术改写了许多人类活动的运作方式，从购物、旅游到社交网络等。现在是时候充分发挥我们的创造力，并将我们的注意力转向改写人们的受教育模式上来了，即改变我们帮助人们发展其人类智能的方式。在刚开始的摸索阶段，我们不一定会一下子就找到最佳解决方案，但我们不应就此气馁，而应将此类不可避免的失败视为未来成功的基石。就好比之前人们更喜欢逛 BBS、克雷格列表（Craigslist）和故友重逢

（Friends Reunited）等网站，而不是 eBay、爱彼迎和 Facebook。随着时间的推移，这些网站经历了大浪淘沙，其中一些早期设立的网站仍然在运行，而其他一些则被淘汰了。比起上网买烘豆、订机票、给朋友的照片点赞，教育当然要复杂得多。但这并不意味着我们应该知难而退，我们反而应该知难而上，发挥所有的智能要素的力量，重新构建出一个每个人的智能都能得到充分发展的世界。

给学习者的启示

1. 我们必须以最佳的方式来认识并发展人类智能。我们还需要关注人类智能和人工智能之间的关系，并思考我们应该如何将两者结合起来、取长补短，以此来解决我们如今面临的巨大挑战。

2. 如今既然我们有了能够快速掌握此类基础知识的机器，那就应该考虑如何更好地评估学生的社交智能、他们与他人之间的关系以及他们与其掌握的关于世界的知识之间的关系。

扫码下载"湛庐阅读"App，
搜索"智能学习的未来"，
获取本书参考文献。

MACHINE LEARNING
AND HUMAN
INTELLIGENCE

THE FUTURE OF
EDUCATION FOR
THE 21ST CENTURY

技术解锁教育

应对智能学习的未来的
关键思考

栗浩洋

在如今这个智能时代，海量信息扑面而来，由此产生的困境也就更加显著：一方面，冗余信息大量存在；另一方面，我们迫切需求的信息却很难找到。因此，懂得如何确认真正的知识变得日益重要起来。

大千世界中，知识随着人们的行为和时代的变化产生了新的内涵，而教育的本质就是获取和传播知识。然而，智能时代的到来让我们身处知识困境，无法用现有的知识体系去应对接踵而来的变化。可见，教育不再是关乎知识点的学习和考试分数，而应该是素质教育，它应该能让你在面临智能时代带来的困境时，仍可以从容应对。

于个人而言，每个人在接受教育的过程中会形成一套自己的世界观和方法论，因此理解知识和思考问题的方式会有所差别。那么，我们该如何在学习中构建个人的知识论，形成应对智能时代的方法体系呢？教育对此责无旁贷。

于社会而言，我们可以衡量一个人的认知吗？答案自然是否定的。由于个人知识体系的不同，人们对世界的认知必然千差万别。玛琳·朔莫-艾金斯曾通过量化和构建模型的方法，试图形成一套通用的个人认识论模型，暂不说模型本身的真伪，其设计者在形成考察指标之初就暗含了带有个人意图的评判指标。知识本身就是某种需要不断更新的不确定的存在。因为认知情境的不同，任何关于某一特定知识的讨论，都不能适用于所有情境。

在智能时代，我们获取的海量信息并不等同于知识，正如卢金教授所说，这个信息最丰富的时代可能恰恰是我们知识最贫乏的时代。实际上，这一担心并不多余。人类有别于机器最重要的一点就在于思维，在我看来，如果要应对瞬息万变的智能时代，每个人构建一套独一无二的认知体系是极为必要的。

人类智能让我们得以应对未来的世界，而人类智能的作用又远不止于此。除了对世界的认知，人类智能还应包括自我认知，它受到我们认知、情绪、情境、自我效能等的重要影响。例如，我们的情绪会推动我们的行为，让我们通过学习的方式增加对这个世界的认识和理解；我们也应该不断发展自我效能感，这样才能成为一个终身学习者。

因此，我希望和大家探讨的主要目标是，面对智能时代的未来，教育究竟该如何进行。

建立批判性思维模型

批判性思维是人类智慧的明珠，也是目前人工智能最难习得的软技能之一。

古今中外，对于批判性思维的定义众说纷纭，莫衷一是，但对批判性思维的重要性的认知却高度一致。全球的教育学家孜孜不倦地研究如何培养批判性思维，但到目前为止，没有一个人或者一家机构可以清晰地说明到底该怎么做。

我身边有很多知名企业家、经济学家、人工智能科学家朋友，在与他们交流时，我可以真切地感到，他们的批判性思维已臻化境。我们身边有很多人总是人云亦云或固执己见，那么怎样才能培养批判性思维呢？

我认为，真正的批判性思维绝对不是见了什么观点就去批判，批判性思维模型的建立需要分三步走。

建立批判性思维模型的三步骤

第一步，暂时抛弃自己的主观立场，完全接受和充分理解他人的观点，甚至站在他人的角度进一步理解观点并充分论证。

我上初中的时候特别喜欢《读书》杂志。有一次，我在杂志里看到了一篇文章，里面有个观点让我毛骨悚然，文中说，"这个世界城市化的进程就是男性女性化的进程"。

看到这篇文章的时候，中国的城市化率超过20%，城市化进程如火如荼，正席卷着神州大地。但当时我正值被施瓦辛格、史泰龙、迈克尔·乔丹、马拉多纳等男性荷尔蒙爆棚的人所吸引的年龄，我对于随着经济和物质生活的蓬勃发展，男性会逐渐丧失自己的特征这一观点并不能很好地理解和认同。

基于多年养成的思辨素养，我选择从其他角度先理解这个观点，并且主动寻找了很多证据。比如，男性的某些雄性特征，比如力量的存在，在原始时代可以在面对野兽或者同类的侵袭时保护自己和其他人，在农耕时代有助于实现更好的产能，而随着机器时代的到来，人的肌肉多了观赏价值，而实用价值有所减少。时至今日，我们看到"暖男"盛行，女性更关注和喜欢男性的体贴和忍让，而对霸气和强壮的关注度则相对减少。在城市化的进程中，男性女性化的趋势得到了验证。

因此，建立批判性思维的第一步不一定是去批判，而是需要我们先抛弃自己的主观见解，从不同的角度去理解和思考。

第二步，进行"360度的思考"。

批判或认同只是我们对某个观点的态度，但就理解一个观点来讲，我们可以从多维度来理解和思考。就像出行不一定非得走路，我们也可以坐飞机或者轮船。

例如，我们在看待"中国更富强了"这个论点时，需要从更多的维度来辩证思考。在经济方面，GDP 快速增长，人均收入不断提高，人均住房面积逐渐扩大，汽车拥有量和奢侈品购买量显著提高等；在医疗、教育方面，医疗水平不断提高，很多过去的医学难题被逐渐攻克，贫富地区教育差距逐渐缩小等，这一系列的指标都能看出中国更加富强了。然而，批判性思维告诉我们，在思考问题时不能只看优点，我们也应从不同的维度看到发展中的不足与可以继续提升的地方，如环境治理强度、医疗保障力度等方面有待加强。

只有360度辩证地思考问题，我们对一个事物才能有更清晰和全面的认识，并且在多维度的思考中产生更多新的想法。这是我们建立批判性思维模型的第二步。

第三步，建立自己的世界观、价值观。

在完成了第二步360度辩证地思考问题后，我们就需要形成自己的观点了。

大二的时候，我刚开始接触马斯洛的"需求层级理论"，在学习过程中，我通过不同角度的理解和很多例证先弄清楚了该理论的原始观点，但当我进行360度的思考时，发现了其中的一些问题。于是，我重构了马斯洛的需求层次理论，建立了自己的模型，来更精准地理解人类的需求。

我重新梳理了人类本能的需求，拆解出底层的动物本能和人类思维本能，列出了36个不可拆分的需求元素，而其他所有的需求都是这36个元素的不同分量、不同优先级的组合形成的化合物。例如"爱"这一需求，对不同的人来说，爱的定义不同，爱的形式也不同，因为在不同人的心里，崇拜、安全感、美等元素在爱之中的占比和优先级是不同的。我通过自己的梳理和拆解，在理解原有理论的基础上形成了自己的新的模型与观点，这非常有助于我未来更好地学习。

这也正是我建立批判性思维模型的第三步，从一个观点出发，在360度思考后重新拆解与分析，构建自己关于这一观点的理解。

如何用人工智能培养批判性思维

通过建立批判性思维模型的三步骤，我们可以更清晰地理解批判性思维，它包括：理解他人的观点并站在他人的角度思考问题、从不同的角度理解问题、构建自己的观点。那么如何培养学生这方面的能力呢？毕竟这是教育的重中之重。

在传统教学中，培养学生的批判性思维是个难点。作为一种软技能，批判性思维相对来说本就难以衡量，而帮助学生建立自己的思维方式、世界观和价值观更是难上加难。通过探索，我们发现用人工智能加上智适应模型，能够在培养学生的批判性思维方面取得显著的效果。通过研究，我们将人工智能和智适应模型二者结合，成功开发了我国首个拥有完整自主知识产权、以高级算法为核心的人工智能自适应学习系统，即松鼠 Ai 智适应学习系统。松鼠 Ai 智适应学习系统使用10多种算法和深度学习等技术，尽力实现教育的追根溯源。人工智能系统精准检测到学生的知识学习情况，并给出学生最适合的学习路径，为其提供个性化的学习帮助。那么在这个过程中，人工智能系统又是如何培养学生的批判性思维的呢？

在我看来，用人工智能培养批判性思维分为两步。

第一步，训练学生的综合能力。只有学生的阅读能力、理解能力、辨析能力和逻辑推理能力提高后，才能够更好地换位思考、理解别人的观点并加以论证。松鼠 Ai 智适应学习系统拥有 MCM（思维模式的英文 Model of thinking、学习能力的英文 Capacity 以及学习方法的英文 Methodology 三者的首字母）能力值训练、错因重构知识地图、超纳米级知识点拆分、非关联性知识点的关联概率、MIBA 多模态综合行为分析人工智能系统 (Multi-modal Integrated Behavioral Analysis) 等多个全球首创人工智能应用技术，它通过这些技术来采集和分析学生的数据，形成每个人的用户画像，从而将人工智能系统中的内容资源与之匹配，为每个学生提供个性化的学习推荐。这样一来，学生的综合能力会通过不同学科的精准学习与训练得到快速提升。

第二步，训练学生的发散性思维。发散性思维是一个复杂的"化合物"，它不容易理解，更不容易训练。在过去，很多人把批判性思维看成逆向思维，但这只是发散性思维的一个方向。发散性思维中有一个重要的元素是联想，如果我们再往下拆分，就还会有类比联想、对比联想、因果联想、弱相关联想……可见如何拆分学生的各项能力与思维，对学生发散性思维的培养来说尤为重要。

松鼠 Ai 智适应学习系统所用到的技术，就可以实现对学生学习能力和学习方法的不断拆分。MCM 系统可以检测出人的思维模式、学习能力和学习方法。在评估、检测完成后，对于相同分数的学习者，MCM 系统都可以分析出他们不同的学习能力、学习速度和知识盲点或薄弱点，从而精准刻画出学习者的用户画像。同时，超纳米级知识点拆分可以将学科中的 MCM 进行更精细的拆分，从而使人工智能系统对学生 MCM 掌握情况有更清晰的认识。

当我们把学生学习能力和思维中的元素拆分清楚时，教育和训练就会变得简单。这就像是画画，无论是立体主义的创始人毕加索，还是超现实主义代表达利，他们的功底也都是一项一项训练出来的，只不过他们把多种复杂技巧融会贯通到了一幅伟大的作品中。但是，你仍可以在他们之前的画作中看到各个单项技巧元素的表达。

哪些工作最容易被人工智能取代

从惊呼"人工智能来了"到察觉"人工智能无处不在",人类社会才走过寥寥数年。2014年,在提出建设"国家人工智能高地"的上海,我带领团队创立了国内第一家将人工智能自适应学习技术应用在K12教育领域的公司,率先在教育行业写下了"人工智能+"的故事。但随着人工智能的迅速发展,因人们对其期望过高而导致的泡沫也不少。

2019年5G元年刚过,人工智能将会随之发生更加深刻的变化。在人工智能时代,有一个问题是大家一直关注的,那就是人工智能在什么领域可以顺利发展,甚至取代大量人类工作呢?我认为,就目前来看,有4类工作最容易被人工智能取代。

第一，简单而重复的工作，会最先被人工智能取代

从最初的人类文明开始，我们就在不断与重复工作"做斗争"，但这绝不只是因为懒。人和动物最大的区别就在于人的社会价值，因此每个人都希望自己能够最大化自己的"价值"。从工业革命开始，人类就通过发明大量新技术来解放重复的体力劳动，让越来越高的机器效率来促进生产力的发展。在这之中，很多低价值的职位通过应用新技术降低了它们的成本，进而提升了利润。第三次工业革命到来后，计算机和相应技术的诞生为解放重复的脑力劳动打开了局面。

到了如今的智能时代，简单的重复性工作依然存在。智能时代最显著的特征是数据的海量产生与传播，而重复的信息传播工作可谓是重复性工作的典型代表。大众在图书、报刊、网站、App 等多种渠道整理资讯，需要耗费大量的时间和精力，由此各类基于人工智能能力的信息渠道就应运而生。

例如，在驾驶领域，语音交互、图像处理等技术为驾驶人员提供了更便捷的信息交互方式和信源；在智能家居领域，智能音箱、智能空调等家居产品为住户提供了丰富的音乐、娱乐资源和便捷的生活体验。在教育领域，松鼠 Ai 可以省去学生大班制学习中的大量重复教学，每个学生对知识点的掌握情况都不同，人工智能教育可以从海量的知识数据库中为学生快速匹配到最适合的学习内容，减少学生对已掌握知识的重复学习，使学生有更多的时间进行知识的查漏补缺，提升自己的学习效率。

第二，仅拥有广博的知识的工作，容易被人工智能取代

作为人工智能领域的弄潮儿，早在本轮人工智能浪潮之初，IBM 就已经实现了智能问答系统，成为自然语言处理（NLP）、机器学习领域的头号玩家。2011年，IBM 的超级计算机"沃森"（Watson）在参加美国知识问答电视节目《危险边缘》（Jeopardy）中赢了两名人类冠军选手，被誉为21世纪计算机科学和人工智能方面的伟大突破，名噪一时。

2017年，百度人工智能机器人小度在我国一档知识问答电视节目中战胜了人气选手，这也说明了我国的人工智能不仅在围绕记忆、逻辑、运算等抽象领域展开，而且在图像和语音识别上也取得了重大突破，走在世界前列。

如卢金所说，人类的记忆力再强也强不过电脑。人工智能地图的路线规划能力很容易就能超过具有20年车龄的老司机，因为老司机很难记住每一条街道上的每一个门牌号码。

在需要海量知识的教育领域，松鼠 Ai 的人工智能老师在题目记忆、题目难度认知等方面能力卓越，有着巨大的知识储备优势，甚至能够轻而易举地超过人类老师对于几万个知识点之间的关联性的认知，正因为如此，人工智能教育发挥着越来越重要的作用。

因此，要想不被取代，不能光靠拥有强大的知识储备，还必须抓住知识背后的逻辑。

第三，逻辑相对简单的工作，容易被人工智能攻克

对人类来说，熟练掌握国际象棋、围棋很难，但是因为棋类游戏的规则和逻辑很清晰，所以对人工智能来说相对容易攻克，从而战胜人类。同样，图像识别和语音识别也都有非常清晰的对错边界，所以这类工作人工智能也很容易取而代之。

迄今为止，人工智能还不是很擅长处理多元逻辑，如果你的工作涉及缜密的思考、周全的逻辑推理或复杂的决策，那么这份工作是很难被人工智能取代的。

例如，新闻撰稿就有简单和复杂之分。信息报道类新闻在很大程度上正在被人工智能的新闻写作工具所取代。比如，在体育类、财经类的新闻报道中，人类记者通常进行简单的事实组合、数据整理，并按照某些既定的格式完成文本写作，这种工作不需要复杂的判断，且和人工智能机器人相比，人类在数据处理等方面远不如机器快速高效，因此这种工作容易被机器取代。但在深度报道、评论类文章的新闻写作中，记者需要在原始素材之上进行归纳和整理，提炼出相对复杂的逻辑结构，设计出最适合主题的表述形式，并且形成自己的观点和见解，这样逻辑复杂的工作就不容易被机器取代。

因此，如果从事的工作背后逻辑相对简单，那你就应该给自己拉响警报了。

第四，容错率越高，越容易被人工智能取代

在医疗领域，人工智能反复遭受挫折，发展一直不顺利，因为在这个人命关天的领域，人工智能一旦出错，后果将不堪设想，有时甚至会激发人类的非理性情绪。虽然医生也会因手术或者诊断失误而造成病人的死亡，但人工智能一旦因误诊而导致病人死亡，就会引起轩然大波。目前人工智能在医疗中多用于病人护理等简单的工作，或者从事医疗助理，分析海量的电子病历、放射影像报告和病理报告、化验结果、医生病程记录、医学文献、临床医护指南以及公开的结论性报告等方面的数据，帮助医生快速完成基于数据或影像的初步病情筛查。

同样，在交通领域，每年因车祸而死亡的人数不计其数，而自动驾驶造成的几例死亡会比那几十万人更加引人注目。这些领域的容错率更低，人工智能在其中的应用并不容易。在这些领域中，人类对人工智能所抱的期望更高，我们希望人工智能可以解决和弥补人类的不足，改善人类因自身能力不足而导致的负面结果，所以如果人工智能无法满足人类的期待，无法降低错误率，那自然就不会取代人类在其中的角色。但我认为，随着研发的深入，驾驶安全等级得到不断提升，人工智能将很容易取代人类司机。

与此相反，在容错率相对较高的行业，人工智能更容易取代人类。例如，今日头条和奈飞（Netflix）的推荐算法容错率就非常高，它们在内容分发时，可能会有30%的新闻、视频被错误推荐，但也不会因此造成巨大的伤害和惊悚的关注。而在教育领域，容错率也相对较高。松鼠 Ai 通过大量数据的搜集和算法的不断优化，给优秀的孩子推荐高难度的知识和题目，给学习基础

薄弱的孩子推荐简单、容易消化的知识，从而达到因材施教的效果。

　　人工智能对我们的影响会越来越广，我们每个人都需要沉静下来，客观分析哪些工作容易被替代，哪些不容易被取代，哪些有更多的增长潜力，这样才能更好地为未来做好准备。

人工智能助力教育进入"高铁时代"

正如卢金所说，人工智能在代替人类在某些领域的工作和思考的同时，也可以帮助人类提高人类智能。而当人工智能赋能教育时，教育则发生了指数型升级。

人工智能为教育带来的两大改变

人工智能为教育带来的一个改变是，让关键能力可测量与可传授。

2019年7月，中央电视台的人工智能节目《机智过人》向松鼠 Ai 发起了一项挑战，他们把台湾歌手吴克群、跳水冠军高敏，以及律师、央视记者、会计、上海交通大学人工智能研究院院长等人放在小黑屋中，接着用松鼠 Ai 的 MCM 系统测试每个人的思维模式和能力，以此来判断谁是谁。如果判断正确4个人的身份，就算成功。最后结果显示，MCM 系统全部判断正确！

加德纳的多元智能理论把智能分成数理逻辑智能、空间想象智能、语言表达智能、人际交往智能等，松鼠 Ai 的 MCM 系统则把智能拆分成了几千个元素。在这次挑战中，跳水运动员的估测能力、空间想象能力和情景还原能力更强；科学家在建模、探索和方程思想方面有明显优势；会计的数据分析能力更突出；而歌手、记者和律师的语言表达、词义辨析和理解能力等方面都比较强，区分起来更困难，松鼠 Ai 的 MCM 系统通过判断他们的意境分析、语言审美、信息筛选以及博弈推理能力的强弱，鉴别出了他们各自的身份。

智商、情商、批判性思维、领导力等，都是我们耳熟能详的关键能力，在人工智能的帮助下，这些概念和能力会变得"可定义、可测量、可传授"。

人工智能为教育带来的另一个改变是，实现个性化学习，提高学习效率。

人工智能教育系统又叫作自适应学习系统，目前在全球已经拥有 9 000 万用户。它的原理通俗来讲就是，"哪里不会学哪里"。每个孩子其实只需要学习他们未掌握的知识点，而不需要做所有的"暴力作业"。当下的教育是给所有学生同样的内容，而智适应学习系统则先给学生画用户画像，然后"对症下药"，精准击破学习盲区和学习障碍。这样一来，就把教育从地毯式刷题变为精准突破，从"化疗"变成"靶向治疗"。

人工智能教育的架构设计

我将人工智能教育分为"本体层"和"算法层"。本体层是从学生的角度切入，我们首先需要对学生的基础数据进行分析，找到他们的学习目标。

接着，人工智能系统在算法层中进行与学生目标相匹配的内容推荐，从而完成人工智能教育的一整套流程。

在架构的本体层部分，松鼠 Ai 采用的技术和方法主要包括以下3种。

首先，在算法和技术上，我曾在国际人工智能教育会议上，创造性地提出了错因分析系统和 MCM 系统。我认为主流的人工智能教育把答错题目归因在没有掌握知识点上是有缺陷的。学生做题时，70% 左右的错误确实是出于知识点掌握不扎实，但是，还有很多因素会导致出错，只有精准判断孩子的错因，才能更完美地解决个性化问题。比如，有的学生是因为对题目理解能力差而出错的，有的则是因为运算能力不强，还有的是因为经常忽略隐含条件。不过，有的学生则常常把简单问题想复杂，自己增加原本没有的条件和可能性。这不禁让我想起自己在高中数学奥林匹克竞赛中犯的错误，当时有一道题目是问 $a_1a_2 + a_2a_3+a_3a_4+\cdots\cdots+a_{(n-1)}a_n$ 的结果，我觉得问题不会这么简单，所以硬是把题目理解成 $a_1a_2+a_1a_3+a_1a_4+\cdots\cdots+a_2a_3+a_2a_4+\cdots\cdots+a_{(n-1)}a_n$，导致直接丢了9分。否则，我就不只是得一等奖，可能就进国家集训队了。

其次，在学习目标上，我们在本体层的"目标"版块增加了"动态目标"。人工智能系统会抓取学生在学习过程中的多模态数据，从而动态判断并不断优化学生学习目标的合理性。比如一个考试得60分的孩子，我们给他的目标是半年增长到80分，但是根据他的理解能力、学习能力等，系统会将目标值动态地调整到75分、86分……这就像过去的导航是静态、固定的，而目前的人工智能导航则会根据路线情况和交通情况优化调整线路。

最后，在理论运用上，我们还用到了教育心理学、认知心理学等理论。智适应学习专家、卡内基梅隆大学人机交互研究所 LearnLab 实验室主任肯·凯丁格（Ken Koedinger）教授认为，学习的过程从技术角度分为3类：记忆和顺畅度建立过程、引导和优化过程、理解和感知过程。

在架构的算法层，松鼠 Ai 采用的技术主要包括以下10种。

第一，遗传算法、逻辑斯蒂回归和神经网络，用以规划最佳的学习路径，最大化学生的学习效率。该算法模型会在学生所要完成的学习目标和学生当前的知识状态的基础上，推荐接下来要学习的知识点，并依据学生不断变化的知识状态实时调整。在获得学生的反馈后，系统将逐渐绘制学生的学习习惯、兴趣、学习方式等多方位的学生画像，并不断自动优化推送逻辑。相较于深度学习神经网络算法，遗传算法能在全局范围内搜索，快速找到全局最优解，避免陷入局部最优。

第二，机器学习技术，用以依据学生的个性偏好、学习习惯和学习风格，推荐最匹配的学习内容。有些学生喜欢轻松活泼的形式，有些学生喜欢严谨的风格，人工智能系统会记住不同学生的偏好，从而推荐最合适的内容。根据学生的知识掌握状态和目标，智适应学习系统会自动规划最适合该学生的学习难度和顺序，让学生不会因为目标过高而丧失信心，也不会因为目标过低而失去挑战的欲望。通过这样的方式，不同水平的学生都能够循序渐进地提高到较高的水平。

第三，贝叶斯网络，用来预测学习者的学习能力，判断何时开展下一阶段的学习。例如，系统通过对测试结果进行分析来判断学习者对于一元一次方程的理解程度，从而确定学习者何时可以学习一元二次方程。这就需要系统确立适当的数据处理机制，同时明确两块知识的联系与学生的学习程度。

第四，贝叶斯理论，让系统可以依据经验和信息动态地看问题。比如，一个学生以前背过两万个单词，考虑到他学习成绩优秀，词汇量不太可能遗忘到8 000个单词以下，那么系统就会给出他对不同难度的单词的掌握概率，这个数值和普通学生的是不同的。如果知道"tiger"（老虎）这个词，那么知道"thank""hello"的概率就很高。松鼠 Ai 把几万个知识点都做了类似的渲染和概率分布。这就好比 AlphaGo，它也会走错棋，但它会不断逼近相对最优解。通过这种概率渲染，尽管松鼠 Ai 只提取了1% 的题，但准确度仍旧可以达到90% 以上。

第五，图论，让系统像优秀教师一样，清楚了解学生在每一个知识点的掌握水平。回答含有综合知识点的题目时，一旦出错，就很难界定真正的错因，所以只有将知识拆解到最小单位，我们才能够精准地了解到学生在每一个最细小的知识点上的掌握情况。松鼠 Ai 把知识根据难易程度、重要性、认知层次进行了区分，对知识体系进行建模，构建了"知识图谱"，梳理了知识点间的逻辑和认知关系。

第六，知识空间理论和信息熵论，用来快速高效地了解学生的学习状态。从测量学看，信息是可以量化的。松鼠 Ai 利用信息熵理论，通过检测部分重要知识点来快速逼近学生的知识水平，再围绕这个基本层级做反复的精细化测算，高效精准地诊断出学生的知识漏洞和状态。

第七，知识追踪理论，用来挖掘学生潜力，为每个人匹配与其能力相适

应的学习内容。为了动态适应学生的学习过程，智适应学习系统需要对学生的能力水平进行实时评估，对每一个学生的测试过程与个体所反映的信息都进行细致的衡量，这不仅可以了解学生对当下知识点的掌握程度，而且能反映学生的潜力。总的来说，由于取得同样分数的两个学生的实际学习水平可能完全不同，因此分数不是判断学生能力水平的唯一标准。在智适应学习系统的能力水平评估模块中，系统会评估学生在每一个知识点上的能力水平，并且进行先行后行知识点及相关知识点的能力水平分析，最终精确到每一个纳米级知识点的掌握情况，在学生学习后还会实时更新学生的能力值变化，进而准确地推送最适合学生当前情况的学习路径和学习内容。

第八，教育数据挖掘和学习分析技术，不仅为学生提供纵向学习成果比较，而且能优化系统和老师的教学方案。大数据在教育中的应用主要有两大领域：教育数据挖掘 (Educational Data Mining, EDM) 和学习分析技术 (Learning Analytics, LA)，其中教育数据挖掘是指对学习过程和学习行为进行量化分析，在学生学习过程中采集学生的学习数据，包括学习时间、停留时间、测试准确率等。通过对数据的处理分析，可以建立不同学生的学习模型。

学习分析技术主要是对学生的测验成绩进行预测和监控，并提出相应的干预措施。这样的学习模式不仅可以实现个性化学习的目标，而且可以对每一个学生提供不同的激励机制。所有学生的进步是在自己的基础上进行的，这就减少了横向对比的弊端，提高了学生的自我知识水平的认知。学习分析能够为教师提供详细的学生数据，不仅可以说明学生投入多少、了解多少，而且能提供信息让系统、教师改善教学方法。

教育数据挖掘领域专家瑞安·贝克（Ryan Baker）教授在一篇综述中总结了教育数据挖掘的四大方法，分别是"预测模型"（Prediction Models）、"结构发现"（Structure Discovery）、"关系挖掘"（Relationship Mining）和"模型挖掘"（Discovery with Models）。在松鼠 Ai 智适应学习系统的教师端，教师可以随时查看学生的总体学习进度、成就和能力水平。系统可以识别特定学生的薄弱知识点，并且可以调整相应的教学方案，而且能将学生的错题按照知识点、错误率、掌握程度、知识图谱顺序进行排列，便于学生复习或课后辅导。

第九，基于对话框的拟人化用户界面（Dialog-based HUI），用来帮助学生进行实时问题解答。这项技术是 VPA（Virtual Personalized Assistant，虚拟个性化助手）引擎驱动的对话形式的用户交互，实现了实时的虚拟老师和学生的语音交互，主要运用自然语言处理、语音识别和语义分析技术，让学生在学习的过程中，可以随时向虚拟老师询问自己的学习情况和学习任务，并提供问题反馈。比如，如果学生想知道自己的知识掌握率，想了解自己和全国水平的比较等，就可以直接咨询虚拟老师。

第十，MIBA，让系统可以利用身体数据更精准地监测学生学习行为。MIBA 指的是多模态综合行为分析（Multi-modal Integrated Behavior Analysis），它通过摄像头、脑环等设备采集学生的生理数据和行为数据，包括面部表情数据、皮肤下的血液变化数据、身体动作数据、脑电波数据等，再结合学生学习过程中产生的学习数据，分析出学生的学习状态，包括学生的学习专注程度和学习投入程度。老师使用的教师端系统能够得到预警信号，及时实施个性化干预，让学习更有效。

　　通过颠覆传统的教育方式，人工智能智适应教育在美国、欧洲、中国的多次人机大战中战胜了优秀老师的教学效果。可以说，教育已经从过去的"牛车时代"，进入了"高铁时代"。

人工智能教育的挑战与未来

人机共教，智联共生

在很多科幻电影中看到的场景目前已经真真切切地发生在我们现实生活中，未来人工智能的发展是像《星球大战》中所描述的那样，星际间人和机器大战不止、你死我活呢，还是人工智能与行业深度结合，为人类提供更多的服务，并与人类和谐共处呢？这两者都可能发生，但至少目前是第二种。

我认为，机器带给人类的不是完全替代和失业，而是更大的自由与更加人性化的人生体验。**未来是一个人类和机器共存、协作完成各类工作的全新时代，这也是松鼠 Ai 不仅在线上教学，而且全力布局线下的重要原因。**

我在2019年5月的 AIAED 全球人工智能智适应教育大会中说过："中国

有400个教育机构品牌，但只有不到20家品牌的校区能覆盖到全国。"目前国内教育机构的现状大抵如此，以本部城市为中心开疆扩土，尽全力在力所能及的范围内全线下沉。而我们在成立松鼠 Ai 之初，就决定线上、线下一起做。松鼠 Ai 采用线上和线下联动的方式，线上"人工智能老师 + 真人老师"模式；线下铺设教学中心，6个孩子为一个小班，学生在电脑上跟 AI 智适应学习系统学习，也有真人助教老师监督和管理学生。目前我们已在全国20多个省700多个市、县开设了2 600多家学习中心。

为什么在线教育企业要去做线下教育？ 在我看来，10～15年后，线上教育只会占30%，未来的教育仍旧有70% 在线下。

在2014年我创立松鼠 Ai 的时候，淘宝已经成立15年了，但只占整个零售业12.8% 的市场份额，加上京东、聚美优品、唯品会等所有电商，它们的销售总额也仅占18.7%，到2019年有了拼多多，加起来应该还没到30%。20年了，电商的销售总额占全国零售业的市场份额还没有达到30%。而教育比电商更难，在网上买一部手机、一个杯子、一瓶矿泉水其实和在实体店是一模一样的，但是教育在线上学和线下学是不一样的。

人工智能教育虽然目前在测试、学习、练习、测试、答疑等教学过程中应用人工智能技术，可以在模拟优秀教师的基础之上，达到超越真人教学的目的，但在提高学生专注度、为学生建立批判性思维等方面，人类老师仍有不可替代的作用。松鼠 Ai 目前采用的是70% 人工智能系统授课 + 30% 辅导老师辅助的混合双师模式，将线上、线下打通，做到"引擎、内容、服务"三合一的模式。未来随着人工智能教育的发展，人类和机器的合作会不断优化，人机合作教学的比例也会随之发生变化。

让思想出行，促进教育公平

在未来，伴随着技术的发展，我认为"人工智能＋"会是比"互联网＋"更具颠覆性的浪潮。我曾经提出一个"思想出行"（Mental Mobility）的概念，在我看来，乘着人工智能的浪潮，知识和教育的加速发展能够让思想率先出行。

人工智能对教育行业的影响是广泛而深远的。目前，我国教育中依然存在教育资源分配不均的问题，很多贫困地区的孩子不能享受到与一二线城市学生相同的优质教育资源，但有了人工智能老师，对这些孩子来说不仅得到了一对一的教学，而且能不受地域限制地获得更平等的教育。因此，出行不再是点到点的物理距离移动，思想出行能够最大程度解决距离问题，将教育带到偏远地区，让学习改变万千孩子的命运，它是帮助每个孩子实现梦想的重要方式。

另外，时间成本是未来每个人越来越关注的重要因素。人工智能教育中的一对一个性化教学方案能够最大程度地节约学生的时间，提高学习效率。此外，人工智能拥有无穷算力、满足瞬间大计算量需求的特性，这使它能够缩短用户思想出行的时间。松鼠 Ai 智适应学习系统在暑期高峰时每周可以处理200万知识点、300万视频、1 000万道题目和2.25亿学习行为数据，每秒钟15 000次计算，大幅度提高了学习效率。

　　现在，出行不再只是关于交通工具，人们可以乘着技术的列车走出去，人工智能技术可以带来思想出行，实现教育公平，帮助人们走向未来更好的生活。

　　如今，曾经的很多想法已经成为现实，人工智能正在为人类的健康、生活便利、娱乐、出行等方面提供便捷服务，并且深度整合着各行各业。未来，人工智能将无处不在，甚至会像互联网一样融入我们的日常生活，影响着我们的生活。

　　可能在未来，当我们去超市购物、开车出行、为自己设计衣服、去医院检查身体、让孩子接受教育、一个人在家里需要人陪伴时，身边都会有一个人工智能机器人，它与我们形影不离，为我们提供全方位的服务。教育是实现一切发展的基础，人工智能教育也将发挥其举足轻重的作用，乘风飞行，应对未来。

MACHINE LEARNING
AND HUMAN
INTELLIGENCE
THE FUTURE OF
EDUCATION FOR
THE 21ST CENTURY

致谢

　　如果没有众人的帮助和支持，撰写本书将是一段漫长而孤独的旅程。能获得对本书主题感兴趣的各位同事的大力支持，我深感荣幸，受益匪浅。我要特别感谢库洛瓦博士和伦敦大学学院知识实验室的所有成员、安东尼·塞尔登爵士、吉姆·奈特勋爵、朱迪·凯教授、普里亚·拉哈宁（Priya Lakhani）、朝气蓬勃的 OPPI 社区等，在此就不一一详述了。感谢你们的重视以及对本书提出的建设性批评、鼓励和反馈意见。非常感谢在过去的几年里与我共事过的教育工作者和学生们，感谢伦敦大学学院教育学院出版社（UCL IOE Press）的团队，特别是帕特·戈登－史密斯（Pat Gordon-Smith）。我还要感谢朋友们一直以来的支持，他们是我灵感的源泉，特别是保罗（Paul）、金（Kim）和菲尔（Phil），与你们的深入探讨使我受到诸多启迪。最后，感谢家人一直以来对我的支持和鼓励，尤其是凯瑟琳（Catherine），她认真阅读了本书，并提了意见。在此，我将这本书献给我的孙子——德克斯特（Dexter）和伊莫金（Imogen）：愿你们在不断挖掘人类智能的道路上收获无限快乐。

未来，属于终身学习者

我这辈子遇到的聪明人（来自各行各业的聪明人）没有不每天阅读的——没有，一个都没有。巴菲特读书之多，我读书之多，可能会让你感到吃惊。孩子们都笑话我。他们觉得我是一本长了两条腿的书。

——查理·芒格

互联网改变了信息连接的方式；指数型技术在迅速颠覆着现有的商业世界；人工智能已经开始抢占人类的工作岗位……

未来，到底需要什么样的人才？

改变命运唯一的策略是你要变成终身学习者。未来世界将不再需要单一的技能型人才，而是需要具备完善的知识结构、极强逻辑思考力和高感知力的复合型人才。优秀的人往往通过阅读建立足够强大的抽象思维能力，获得异于众人的思考和整合能力。未来，将属于终身学习者！而阅读必定和终身学习形影不离。

很多人读书，追求的是干货，寻求的是立刻行之有效的解决方案。其实这是一种留在舒适区的阅读方法。在这个充满不确定性的年代，答案不会简单地出现在书里，因为生活根本就没有标准确切的答案，你也不能期望过去的经验能解决未来的问题。

湛庐阅读App：与最聪明的人共同进化

有人常常把成本支出的焦点放在书价上，把读完一本书当作阅读的终结。其实不然。

时间是读者付出的最大阅读成本
怎么读是读者面临的最大阅读障碍
"读书破万卷"不仅仅在"万"，更重要的是在"破"！

现在，我们构建了全新的 "湛庐阅读"App。它将成为你"破万卷"的新居所。在这里：

● 不用考虑读什么，你可以便捷找到纸书、有声书和各种声音产品；
● 你可以学会怎么读，你将发现集泛读、通读、精读于一体的阅读解决方案；
● 你会与作者、译者、专家、推荐人和阅读教练相遇，他们是优质思想的发源地；
● 你会与优秀的读者和终身学习者为伍，他们对阅读和学习有着持久的热情和源源不绝的内驱力。

从单一到复合，从知道到精通，从理解到创造，湛庐希望建立一个"与最聪明的人共同进化"的社区，成为人类先进思想交汇的聚集地，与你共同迎接未来。

与此同时，我们希望能够重新定义你的学习场景，让你随时随地收获有内容、有价值的思想，通过阅读实现终身学习。这是我们的使命和价值。

湛庐阅读App玩转指南

湛庐阅读App 结构图:

12+图书订阅服务
纸质书
有声书
电子书
读什么

怎么读 — 泛读:一书一课 / 通读:通识课 / 精读:精读班

湛庐阅读 App

优秀的读者和终身学习者 — 与谁共读

跟谁读 — 作者、译者、专家、推荐人和阅读教练

三步玩转湛庐阅读App:

读一读 ▼
湛庐纸书一站买,
全年好书打包订
书城

听一听 ▼
泛读、通读、精读,
选取适合你的阅读方式

扫一扫 ▼
买书、听书、讲书、
拆书服务,一键获取
扫一扫

App获取方式:
安卓用户前往各大应用市场、苹果用户前往 App Store
直接下载"湛庐阅读"App,与最聪明的人共同进化!

使用App扫一扫功能，
遇见书里书外更大的世界！

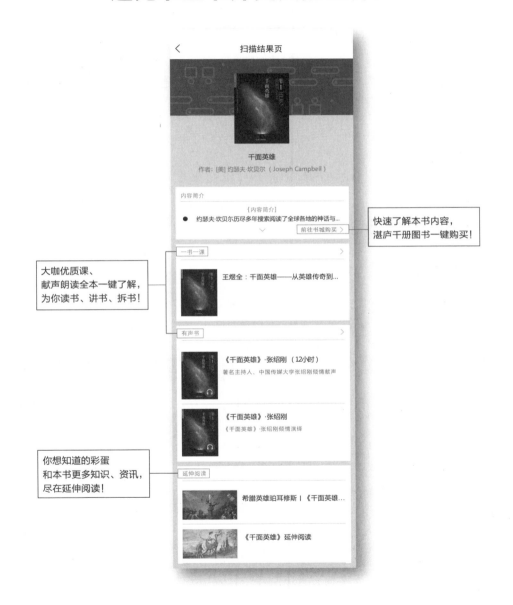

快速了解本书内容，
湛庐千册图书一键购买！

大咖优质课、
献声朗读全本一键了解，
为你读书、讲书、拆书！

你想知道的彩蛋
和本书更多知识、资讯，
尽在延伸阅读！

延伸阅读

《学习的升级》

◎ "技术解锁教育"开山之作！苹果公司教育副总裁约翰·库奇力作，颠覆传统教育，掌握未来学习 3 要素 + 9 大技术，用技术释放终身学习者的潜能！

◎ 苹果联合创始人斯蒂夫·沃兹尼亚克、新东方教育集团有限公司董事长俞敏洪、新教育实验发起人朱永新、清华大学未来实验室主任徐迎庆、可汗学院创始人萨尔曼·可汗、樊登读书会创始人樊登、教育垂直媒体芥末堆创始人梅初九、新学说创始人兼 CEO 吴越、蒲公英教育智库总裁李斌等强力推荐！

《学习场景的革命》

◎ "技术解锁教育"第二部！施乐帕洛阿尔托研究中心前首席科学家教你用技术提升学习的成效！

◎ 利用编程、3D 打印机、机器人等技术升级 4 大学习场景，应对技术革命对教育结构提出的新要求。

《什么是最好的教育》

◎ 全球知名教育家、TED 演讲人肯·罗宾逊教育创新五部曲重磅新作！

◎ 父母最应该给孩子的到底是什么？

◎ 新教育实验发起人、苏州大学新教育研究院教授朱永新，上海大学副校长汪小帆，21 世纪教育研究院院长杨东平，加拿大蔚来教育联合创始人、教育事业部总监来赞，芥末堆创始人梅初九等强力推荐！

《终身幼儿园》

◎ 风靡全球的少儿编程语言 Scratch 缔造者，历代乐高机器人的主导开发者米切尔·雷克尼斯重磅力作！

◎ 独具创新的 4P 学习法，成就终身创造力！

◎ 2018 年美国出版协会学术卓越奖获奖图书！

图书在版编目（CIP）数据

　智能学习的未来 /（英）罗斯玛丽·卢金
（Rosemary Luckin），栗浩洋著 ；徐烨华译. -- 杭州 ：
浙江教育出版社，2020.6
　ISBN 978-7-5722-0284-1

　Ⅰ. ①智… Ⅱ. ①罗… ②栗… ③徐… Ⅲ. ①人工智
能 Ⅳ. ①TP18

中国版本图书馆CIP数据核字（2020）第087005号

上架指导：教育趋势 / 教育创新

浙 江 省 版 权 局
著作权合同登记号
图字 :11-2020-092号

智能学习的未来
ZHINENG XUEXI DE WEILAI

［英］罗斯玛丽·卢金（Rosemary Luckin）　栗浩洋　著

徐烨华　译

责任编辑：高露露
美术编辑：韩　波
封面设计：ablackcover.com
责任校对：刘晋苏
责任印务：沈久凌
出版发行：浙江教育出版社（杭州市天目山路 40 号　邮编：310013）
　　　　　电话：（0571）85170300-80928
印　　刷：天津中印联印务有限公司
开　　本：720mm ×965mm　1/16
印　　张：16.25　　　　　　　　　　　字　　数：206 千字
版　　次：2020 年 6 月第 1 版　　　　印　　次：2020 年 6 月第 1 次印刷
书　　号：ISBN 978-7-5722-0284-1　　定　　价：69.90 元